QING PING GUO CONG SHU

生活阅读

SHENGHUO YUEDU

顾萍◎主编

图书在版编目（CIP）数据

生活阅读/顾萍主编．—北京：企业管理出版社，2013.8

（青苹果丛书）

ISBN 978－7－5164－0449－2

Ⅰ．①生…　Ⅱ．①顾…　Ⅲ．①生活－知识－少年读物　Ⅳ．①TS976．3－49

中国版本图书馆 CIP 数据核字（2013）第 176867 号

书　　名：青苹果丛书——生活阅读
作　　者：顾　萍　主编
责任编辑：徐新欣　钱　丽
丛书策划：闫书会
书　　号：ISBN 978－7－5164－0449－2
出版发行：企业管理出版社
地　　址：北京市海淀区紫竹院南路 17 号　邮编：100048
网　　址：http：//www. emph. cn
电　　话：总编室（010）67801719　发行部（010）68414644
编辑部（010）68416775
电子信箱：80147@ sina. com　zbs@ emph. cn
印　　刷：北京昌平新兴胶印厂
经　　销：新华书店
规　　格：787×1092 毫米　1/16
印　　张：11.5
字　　数：160 千字
版　　次：2013 年 8 月第 1 版　2013 年 8 月第 1 次印刷
定　　价：25.00 元

前　言

苏联著名教育家苏霍姆林斯曾说过：“让学生变聪明的办法，不是补课，不是增加作业量，而是阅读、阅读、再阅读。”面对浩瀚知识海洋，我们撷取最基础知识，呈现给广大青少年朋友，尤其是农村少年儿童。“青苹果丛书”是专门为农村少年儿童选编的一套系统的知识性读物。

随着我国城镇化进程的加速，农村传统的二元社会结构正在解体。我国农村大批劳动力外出务工，在广大农村随之产生了一个特殊的未成年人群体——留守儿童。据中央电视台2013年特别报道，我国农村留守儿童超6000万，每5名儿童就有一名留守儿童。同时，在城市中也有一大批农民工子弟，因来自农村，很难得到与城里孩子同样的义务教育，他们的学习教育同样令人堪忧。这类的家庭教育主要表现为：单亲式、隔代式、委托式及兄长式四种方式，留守儿童基本缺失父母亲对其在衣、食、住、行、安全等方面的能力调教，也缺少爱好、审美、人格、品格及情感等方面的亲情教育，特别是缺失了对父母的心理归属和依恋。

从学校教育分析，由于缺乏正常的家庭基本教育、心理素质教育、道德品质教育和身体发育教育，留守儿童的学习成绩都不理想，大多数留守儿童的成绩都处于中等偏下。也许是缺失和不足，相对于有父母亲在家的儿童而言，留守儿童更加渴望知识、渴望阅读、渴望外边的世界。令人遗憾的是，由于种种原因，他们对外界的了解更多的是看电视、玩电子游戏。

为了弥补农村少年儿童特别是“留守儿童”在家庭教育上的缺

憾，我们精选中外经典阅读篇目，编辑出版了“青苹果丛书”。其目的一是让那些远离父母的孩子通过阅读了解历史，感受文化，增加积淀，陶冶情操；二是开拓视野，通过这些短小精致的篇章，丰富课外生活，提高思维能力，在阅读中登上知识的殿堂，博览古今，感受中外文化经典的奇光异彩。

从编辑内容来看，它们分别为历史、文化、科技、艺术、天文地理、气候环境、工农业生产等多个学科。按照学科的安排，初步分为《古典文学阅读》、《趣味阅读》、《故事阅读》、《科技阅读》、《百科阅读》、《乡村阅读》等二十多个分册，针对适龄儿童阅读的特点，在阅读篇幅的编辑上我们力求短小精悍、通俗易懂。与孩子们在课堂上阅读的教科书相比，本套丛书还是一套相当出色的课外辅导读物，每一个分册都生动、形象、有趣、绚丽。力求融入了新的阅读模式，书中知识点简明易懂、自成体系，更容易被农村的孩子们接受。

崇尚经典，注重传统，寓教于乐真正贯穿其中是丛书的一个亮点。少年儿童求知欲强，通过阅读让他们知晓更多的社会发展和科技进步方面的知识，这有助于开拓创新思维，培养创新意识，提高农村少年儿童的科学文化素质；全套丛书叙述生动，文字简洁，以知识性为切入点。考虑农村社会转型时期的环境条件，重视知识的准确和生动，引导农村少年儿童在平时的阅读中了解更多的科学文化和历史知识，也有助于提升他们的读写能力。

美国教育家海伦·凯勒说：“一本书像一艘船，带领我们从狭隘的地方驶向无限广阔的海洋。”愿这套丛书能给农村少年儿童带来亲情和快乐，青苹果，青涩而有味道，让他们在品读中体会其中的甜美，伴随他们成长。

编　者

2013 年 6 月 1 日

目　录

第一章　生活篇

第三章　医学篇

第四章　修养篇

第六章　旅游篇

第七章　法制篇

第一章

日常生活中需要注意些什么，怎样提高生活质量，阅读此章后定会使您有所收获。

常用耳机好不好

青少年喜欢用手机、MP3 等数码产品收听音乐和歌曲，往往一戴上耳机就听很长时间，甚至走路、做功课时也不肯取下来，音量还开得很大。须知耳机的耳塞将耳道口塞得很紧，耳道处于密闭状态，音量很大的声音进入耳道内，直接传递到耳道深处的鼓膜，引起鼓膜强烈振动。时间一久，就会对内耳的细胞、神经纤维产生损伤，使听觉神经细胞的活动能力减弱，听力就会受到影响。

长期使用耳机，对青少年极为不利，因为青少年正处在生长发育时期，听觉器官还比较脆弱，对声音的敏感性很强。在长期高音的刺激下，听力会在不知不觉中减退。法国已把超过 100 分贝“随身听”产品列为违法产品。专家们在指出使用“随身听”不当的严重性时说：“我们无意间正在产生耳聋的一代。”

专家呼吁，耳机使用的时间不宜过长，连续收听的时间一次不要超过 1 小时，而且音量不宜太大。

除蚊蝇方法有哪些

（1）燃橘皮除蚊蝇：在室内点燃晒干的橘子皮，可代替卫生香，既能清除室内异味，又能驱除蚊蝇。

（2）糖水瓶子捕蚊蝇：除蚊的简便方法，可用空酒瓶装3~5毫升糖水或啤酒，放在桌上或室内蚊子较多的地方。蚊子闻到甜酒味就会往瓶里飞钻，一碰到糖水或啤酒即被粘住，难以飞出。在室外，一个酒瓶一昼夜可除蚊子几十只。

电池为什么不电人

生活中经常要用电池。电池能供电，可是我们装取电池时，为什么不触电呢?

人体能导电，但只有那些很强的电流通过人体时，才会导致人触电。电压高，电流强度就大；电压低，电流强度就小。一节 5 号电池的电压为 15 伏。这样小的电压，流经人体的电流是非常弱的，所以不会对人体造成伤害。一般超过 36 伏的电压才有危险，所以 36 伏被人称为安全电压。

灭蟑螂有哪些方法

（1）糖水瓶子捕蟑螂：取罐头瓶1～2个，放3匙食糖水，加开水半碗冲化作诱饵，将瓶子放在蟑螂活动的地方，蟑螂闻到香甜味后，就会爬入罐头“陷阱”。

（2）桐油捕蟑螂：买100～150克桐油，加温熬成黏性胶体，涂在一块15厘米见方的木板或纸板周围，中间放上油腻带香味的食物作诱饵，其他食物加盖，不使其偷食。在蟑螂觅食时，只要爬到有桐油的地方，就可被粘住。

（3）配毒饵杀蟑螂：取硼砂、面粉各一份，糖少许，调匀做成米粒大的饵丸，撒在蟑螂出没处，蟑螂吃后即被毒死。

（4）鲜黄瓜驱蟑螂：可以把鲜黄瓜放在食品橱里，蟑螂就不敢接近食品橱。鲜黄瓜放两三天后，把它切开，使之继续散发黄瓜味，驱除蟑螂。

（5）鲜桃叶驱蟑螂：将新摘下的桃叶，放于蟑螂经常出没的地方，蟑螂闻到桃叶散发的气味便避而远之。

（6）洋葱驱蟑螂：如果在室内放一盘切好的洋葱片，蟑螂闻其味便会立即逃走，同时还可延缓室内其他食物变质。

如何正确使用微波（光波）炉

（1）不能空烧。炉中没有加热的食物，不能通电空烧。否则微波无处吸收，磁性控管会损坏。

（2）不能使用金属器皿。盛放食物加热不可使用金属器皿，应用玻璃、陶瓷、耐温塑料等非金属材料做的器皿。否则，金属器皿在通电后，会反射微波，干扰炉内的正常工作，产生高频短波，损坏微波炉。

（3）微波（光波）炉附近不可有磁性物体。否则，会干扰微波磁场的均匀性，使磁控管的工作效率下降。

（4）开关炉门要轻，以免用力过度而损坏密封装置，造成泄漏或缩短炉门的使用寿命。通电时，不要去查看磁控管及其他电路部分。

设置厨房要注意通风线路

厨房是烹调场所，其通风路线是否畅通极为重要。一般厨房的通风有两条路线：一条是由门窗位置及室外环境等因素决定，厨房内的通风降温主要由这条路线的畅通来保证。另一条靠家用电器运转来进行，如在炉灶上方安装排油烟机、换气扇，室内的吊扇、台扇、壁扇等，它能迅速排除烹调时散发的气体、热量和通常高温的热量，使厨房空气新鲜并达到降温的目的。两条线路两个办法，可根据具体情况和季节的不同，使用一种办法或两种办法同时使用。

梳头都有哪些好处

女孩子一般都有梳头的好习惯，而男孩子头发短，有时用手梳或干脆不梳，这是不好的习惯。

人有 10 万根头发，每根头发下面有个毛囊。婴儿诞生 3 个月后，就长齐了终身所拥有的毛囊。每个毛囊根部有发球，发球内有一个吐丝突的锥形组织，将营养物组合起来，形成头发。人每天掉发五六十根，之后将由新发补充或因此而丧失，关键在于营养供应得够不够，能不能到达发球。梳头可以刺激头皮的血液循环，供给发球各种营养，促使色素细胞生出黑色素，并使头发内空气流通，以利头发生长、头发变黑。

梳头还有保健作用。头部是身体经络的聚首部，梳头刺激了几十个穴位，起到按摩作用，调节身体的气血，有助于醒脑活血，提高身体的免疫力。有的专家谈起女性比男性寿命长时，还认为她们天天梳头、进行头部按摩也是原因之一。

为什么不能把围巾当口罩

围巾，也叫围脖，顾名思义应该围在脖子上。从生理卫生角度看，人的后脖颈里是延脑，延脑有管理呼吸的功能，但它怕冷，延脑受寒冷侵袭，呼吸系统自卫本领下降，人就容易受病毒感染而患病。

有人将围巾的功能改为围嘴用，代替口罩，这很不卫生。围巾经常暴露在空气中，表面蓬松，极易吸附灰尘和病菌，用它堵住嘴，就会吸进许多脏东西。

为什么不要用菜刀削水果

有些人随意用菜刀切削水果，这很不卫生，也不方便。因为菜刀常接触肉、鱼、蔬菜，刀上会附着寄生虫及其虫卵或其他病菌，用它削水果，水果会被污染，人吃了就会得病。尤其是削苹果时，除病菌污染外，菜刀上的锈和苹果中所含的鞣酸会起化学反应，产生鞣酸铁盐，使苹果的色泽和香味大受影响。所以，切削水果，不要用菜刀，最好用不锈钢水果刀。

为什么不宜久穿牛仔裤

牛仔裤特点是一紧二厚。女性生殖器的特点是：皮肤娇嫩，黏膜很多，有不少皱褶，还经常受到大小便、白带、月经的刺激与污染；加上由阴道分泌的酸性分泌物，在过紧过厚的牛仔裤包围下、透气性差，不利于湿气的蒸发，妨碍排汗降温，给细菌创造良好繁殖条件，从而引起外阴瘙痒、外阴静脉曲张、外阴白斑、痔疮、湿疹、皮炎、腹股沟癣等疾病。牛仔裤对女性不好，对男性也不好，因为男性的睾丸是产生精子的场所，平时温度较低，如果牛仔裤长时间紧包会阴部，将会影响睾丸的正常生理功能，甚至造成不育，故不宜久穿。

为什么春节又叫“过年”

农历的正月初一，日历上两个鲜红的大字“春节”赫然在目。可是，口头上，人们却常常又叫“过年”了。这是为什么呢?

相传，很多年以前，在山清水秀的定阳山下，有个不太大的村庄。村头山坡上，有间小石屋，住着一个名叫万年的青年。他家境贫寒，以打柴挖药为生。

那时节令很乱，弄得庄稼人无法种田。万年是个有心计的青年，想把节令定准。可是，从哪里下手呢?

一天，万年上山打柴，坐在树下歇息，树影的移动启发了他。他就制作了一个日晷测日影计算一天的长短。可是，天有云阴雨雾，影响测记，他就想再做一件记时器具，好弥补日晷的不足。那天，他上山挖药，来到泉边喝水，崖上的泉水有节奏地滴滴嗒嗒地响着，引起了他的注意。

他望着泉水出了神，思索了一阵，回到家里，画了画，试了试，做成了五层壶。从此，他测日影，望水。一天又一天，慢慢地，他发现每隔三百六十多天，天时的长短就会从头来一遍，最短的一天在冬至。

那时的天子叫祖乙，节令的失常，使他很着急，就召集百官，商议节令失常的原因。节令官叫阿衡，他不知道日月运行的规律，就说是人们做事不慎，得罪了天神，只有虔诚跪祭，才能得到天神的宽恕。祖乙斋戒沐浴，领百官去天坛祭祀，并传谕全国，设台祭天。

但祭来祭去，不见收效。时令照样乱，各地的老百姓为了修建祭台又得服役，又得出捐真是胆汁拌黄连——苦中加苦。万年忍不住了，就带着他的日晷和漏壶去见天子。

万年见了天子，说了天时长短的周期，祖乙听罢，心中大喜。即令大兴土木，在天坛前修建日月阁，筑上日晷台，造上漏壶亭，又拨了十二个童子服侍万年。万年让六个童子守日晷，六个童子守漏壶，精心记录，按时报告。

一天，祖乙让阿衡去日月阁询问制历情况。万年指着草历说：“日出日落三百六，周而复始从头来。草木枯荣分四时，一岁月有十二圆。”阿衡一听，深觉有理，心中不安起来。他暗想，要是万年把节令定准，天子心喜，重用万年，谁还听我阿衡的？阿衡想啊想啊，决定把万年除掉。

那天阿衡打听出一个善射的刺客，就派人将他请到家里，摆上酒筵，说明原因，许以重礼。刺客答应当夜就去行刺。天交二鼓，刺客趁酒兴离开了阿衡家，向日月阁奔去。怎奈天坛周围的日月阁，有卫士严守，刺客不敢近前，就只好远远地弯弓搭箭向日月阁上正观星象的万年射去。谁知刺客喝酒过多，眼睛发昏，飞箭只射中万年的胳膊。万年“哎呀”一声倒在地上，众童子急呼拿贼。卫士们听到喊声，一齐出动，捉住了刺客，去见天子。

祖乙问明实情，传令将阿衡收了监，又立即出宫登上日月阁看望万年。万年遥望星空，感慨万端，深情地说：“现在已是午夜十二点。日月如梭，冬天就要过去了。”祖乙点点头，赞同道：“是啊，辞旧迎新，春天乃是四季的开始，也应该有个节气，让天下百姓心头明白，好好珍惜啊。”

万年问道：“那么，这节气叫什么呢？”

祖乙沉吟片刻，说道：“就叫春节吧。”祖乙又侧身对万年说：“爱卿入阁，数载不出，披肝沥胆，真是劳苦功高。如今爱卿被奸佞暗算，且随我到宫中调养吧。”

就这样，万年随天子进宫休养了几日。又过了数日，万年精确地计算出了闰月闰日，才放心地把太阴历献给了天子。天子祖乙望着日夜操劳的万年，见他眉也白了，须也白了，深受感动，就把太阴历定名为万年历，并正式确定一年之首为春节。因为春节是这样来的，所以民间也称“春节”为“过年”，同时，也寄托了对功高德重的万年的怀念之情。

为什么鸡蛋攥不破

如果说鸡蛋壳很结实，有人觉得奇怪，鸡蛋壳那样薄，怎么能说得上结实呢？

把蛋握在手心里，用力握（不许用手指尖去抠），鸡蛋完好如初，换一个比你力气大的人去试，蛋壳也不会破。

蛋壳为什么不破呢？秘密就在它的形状上，蛋壳表面是弧形的，握紧它时，表面受的力会沿着蛋壳的弧形表面分散开，而且分散得很均匀，因此蛋壳不会被挤破。

这个实验虽然简单，却给了人们很大的启发。人们就是依据这个道理建筑屋顶很薄的大型建筑物。例如体育馆大厅屋顶只有几厘米厚，由于形状像蛋壳，因此非常结实。利用同样的道理，桥面作成向上拱起的，可以承受很大的重量，钓鱼竿前端非常细，但大鱼却不易拉断它……

你们看，小小的鸡蛋壳，学问还不少呢！

为什么内衣宜用冷水洗

内衣、内裤由于直接触及皮肤，脏得很快，应勤洗勤换。洗的时候不要用热水烫煮，应该用冷水洗。

人的汗液除含油脂外，还有一些能溶于水的蛋白质。这些蛋白质怕热，一旦受热就会发生凝固，成为变性蛋白。变性蛋白在水里不溶解。所以，用热水泡洗内衣，会加快蛋白质的变性。凝固的蛋白质积存在纤维里，衣服就会发挺。

有人认为，用热水洗衣有利于除油垢，用冷水洗效果不好。其实，目前市场上供应的洗衣粉是一种优良的洗涤剂，它溶于水后能使油脂分子形成泡沫与衣服脱离，这就是说，用冷水或温水同样能去掉油污。

为什么清明时节要扫墓

清明时节雨纷纷，

路上行人欲断魂。

借问酒家何处有，

牧童遥指杏花村。

这是唐代诗人杜牧的《清明》诗。他的这首诗为清明节平添了不少光彩。

清明节，又叫踏青节，是我国的传统节日，节期一般在每年公历四月五日前后。这时，万物沉睡的冬季过去，万象更新的春天来临，到处是春光明媚、草木萌动的清明景象。人们便纷纷出去踏青春游。

清明节为二十四节气之一，除冬至而外，它比任何节气都显得重要，为什么呢？因为民间要在这一天去祭扫祖墓。每到这一天，亲戚、家人们相携来到墓前，先剪除坟墓上丛生的荆草，供上祭品，焚化纸钱。清明节大约始于周代，已有二千五百多年的历史。而祭扫坟墓一事，秦以前即已存在，唐代尤为盛行。据传，有一年清明，唐高宗在渭阳为征战有功的亡魂举行一次祭奠，他赐给群臣每人一个柳条圈戴在头上，说这样做，一年当中可以不被蜂虿蛇咬，这一习俗流传至今。另据史载，开元二十年（732 年），唐玄宗曾明确规定允许百姓清明节时扫墓。白居易《寒食野望吟》一诗，描述了唐时清明扫墓的情景：“乌啼鹊噪昏乔木，清明寒食谁家哭？风吹旷野纸钱飞，古墓累累春草绿。棠梨花映白杨路，尽是死生离别处。冥漠重泉哭不闻，萧萧风雨人归去。”宋代，规定从寒食到清明祭扫坟

墓三日，当时的“太学”放假三日，“武学”放假一日，以便师生扫墓。上坟时，人们往往在林间野岭上野餐，并从郊外买回糕点、花果、鸡蛋、小鸡等物品，叫做“门外土仪”。

清明扫墓不仅祭自己的祖先，而且还可以祭拜历史上为人民立过功、做过好事的人物。中国历代官府每逢清明时节，都派官员去黄陵祭扫祖先陵墓。黄陵也就是黄帝陵墓，相传轩辕黄帝是我们中华民族的始祖。据说黄帝死后葬在陕西省黄陵县城北面一公里的桥山之巅。为了悼念黄帝的创始之德，后人把他的服饰、宝剑等物葬于此处。

新中国成立以后，扫墓活动有了新的内容。清明时节，人们还要为故去的仁人志士或亲友扫墓，缅怀先人、激励自己。

为什么新鞋宜在下午买

为了使新鞋穿起来宽松舒适，购鞋时间最好在下午。因为这时人的脚比一天中其他时候都稍微胀大一点，在这个时候穿得下，任何时候也就穿得下了。试穿时应让拇趾尽量顶住鞋头，脚跟与鞋后帮留有一食指大小的空隙，同时注意鞋的阔度要与脚掌吻合。

为什么要用热水洗脚

脚与身体健康有密切的关系。人的脚有26块骨头、19块肌肉、32个关节、50条韧带、50万根血管、4万多个汗腺……有“第二心脏”之说。

中医学认为，人的双脚是运行气血、联络五脏六腑、贯穿上下、沟通内外的经络的起始点。有许多通往全身的重要穴位在脚上交错汇集，有无数神经末梢与大脑相连。每晚睡觉前，用热水洗脚和经常按摩双脚，可以促进新陈代谢和血液循环，提高人体对外界环境变化的适应力。少年儿童又跳又蹦，出汗多，一天脚焐在运动胶鞋里不透气，又脏又臭。洗脚既清洁又解乏，还可防止脚气。

为什么一氧化碳会使人中毒

以前我国北方冬季寒冷，有的地方是平房常靠煤炉及火炕取暖，由于门窗密闭通风不良，一旦煤炭燃烧不全，就会产生大量的一氧化碳而导致人“煤气中毒”。

一氧化碳为什么会使人中毒呢?

原来，人靠氧生存，氧依赖血液里的血红蛋白运送。一氧化碳比氧对血红蛋白的亲和力大300倍，所以，一旦一氧化碳进入人血就会抢先与血红蛋白结合，形成碳氧血红蛋白，使氧无法与血红蛋白结合。碳氧血红蛋白还能阻碍氧和血红蛋白分离，一氧化碳还可与还原型的细胞色素氧化酶结合，使细胞不能“呼吸”氧，迅速使人陷入缺氧的境地。

由于一氧化碳是无色无臭的气体，不易被发现，直到使人产生中毒症状时才能觉察。大量一氧化碳迅速进入身体时可以使人一下子陷入昏迷，根本无法觉察。当别人发现时，病人可能已中毒很深了。

一旦中毒，轻者头痛头晕、恶心呕吐；稍重者则意识障碍，皮肤和黏膜呈樱桃红色（碳氧血红蛋白的颜色）；严重时皮肤黏膜呈青紫色，高热、抽搐、昏迷不醒，还可并发脑水肿、肺水肿、心肌坏死，而置人于死地。幸免者常常遗留瘫痪、失语、失明及精神异常或痴呆。

一旦发现一氧化碳中毒病人应该怎么办呢?

应该立即打开门窗通风换气，将病人尽快抬离现场放到空气新鲜处，有条件时应立即给予吸氧，以促进一氧化碳自体内排出。对中毒较深已有呼吸抑制者，立即施行人工呼吸或口对口吹气，以增加氧的吸入。同时，应争分夺秒地通知急救中心，重患应直接送入高压氧舱或尽快将病人送入医院抢救。现场抢救时，应注意给病人保暖，避免感冒和发生肺炎。在抢救工业生产事故造成的大批中毒时，抢救者应戴防毒面具以防中毒，滤毒罐内装有二氧化锰（50%）、氧化铁（30%）、氧化钴（15%）及氧化银（5%）的混合物，可以起催化作用，使一氧化碳变为二氧化碳而解毒。

一氧化碳中毒后果严重，应防患于未然。煤炉不应安放在寝室内；火炉要每年检修，堵塞裂缝，室内煤气管道阀门应经常检修以防煤气泄漏；北方的平房冬季取暖用煤炉时寝室窗上应安装。同时，增强安全教育意识，避免一氧化碳中毒的发生。

为什么有人睡觉会磨牙

有些人在睡着以后，会不自觉磨起牙来，这在青少年中比较常见。

产生磨牙的原因主要有两个：一是肠道寄生虫（如蛔虫）的反射作用。当晚上入睡以后，寄生虫就会在肠道内蠕动，引起神经的反射作用，使人有磨牙的举动；二是白天过于疲劳。尤其是青少年，运动量大，神经系统长时间得不到休息，受到刺激，晚上不能安静，就会产生磨牙现象。另外，由于咀嚼肌群过度紧张，产生不协调动作，或是上下牙长得不规范，有“过早接触点”，也会导致入睡以后磨牙。

磨牙是有害的。磨牙次数太多、时间太长，就会损伤牙齿组织，造成牙齿缺损。如果磨牙习惯难以改变，就要请医生帮忙，有效保护开齿。

为什么中秋节要吃月饼

说起八月十五吃月饼，这跟董永还有些瓜葛哩！

相传，七仙女回天宫时给董永撇下一个儿子。有一年旧历八月十五，这个孩子见同村的娃娃们在村头的桂花树下闹着玩，心里痒痒的也想去凑凑热闹。哪晓得张三不理他，李四也不理他，还骂他说：“你是个没妈的野小子，我们不跟你玩！”他一听，扭头跑到村外的槐树荫下，嚎陶大哭起来。他一边哭一边喊：“妈妈呀！你在哪儿呀？快来接可怜的儿呀！”这哭声惊动了天神吴刚，他急忙扮成村夫来哄他，可怎么哄也哄不住，他硬是哭死哭活地要妈妈。吴刚心软了，一边给七仙女捎信，一边悄悄地拿出登云鞋，交代他说：“你想见亲妈，穿鞋圆月下。”

董永的儿子依照“村夫”的嘱咐，眼巴巴地盼到日头下山，星星眨眼。等到月亮刚露脸，他就赶紧在月光下穿上了登云鞋，飞到了天宫。

七仙女见亲生儿子来到身边，真是又悲又喜。众姐妹也都亲热地迎接这个远道而来的姨外甥，这个给他送苹果、柿子、石榴，那个给他端板栗、花生、核桃……七仙女更是忙得不亦乐乎，她亲手把嫦娥送的桂花蜜糖，拌上花生米、核桃仁，做成馅儿，按圆月的样子，做成甜蜜蜜、香喷喷的仙饼，给儿子吃。

哪晓得这事传到了玉皇大帝的耳朵里，气得他七窍冒火，马上下令把吴刚罚到月宫里砍桂花树，永世不得离开；又命令天兵脱下了董永儿子的登云鞋，打发麒麟把他驮回人间。

回到人间后，董永的儿子简直像做了一场梦，对天宫中仙境印象模模糊糊，只记得他妈做的那可口的仙饼。后来，他当了官，就叫各州各县的百姓在八月十五这天，都来仿做这种饼子，摆在月亮下，表示对亲人的怀念。因为这种饼子像一轮圆月，所以后人就称它叫月饼。

洗澡的学问

洗澡应注意什么呢：

（1）洗澡水的温度，以接近体温37℃左右的温度最好。不宜过热、过冷。

（2）洗澡的时间，在30分钟内为好。

（3）饱餐后不宜马上洗澡。此时胃肠道工作增加，血液集中在胃肠。如果洗澡，由于全身皮肤血管扩张，使较多的血液流向皮肤，脑和心脏等器官血液供应相对减少，易因缺血缺氧而发生昏厥。饥饿时也不宜洗澡，否则会出现低血糖而发生虚脱。

（4）洗澡的次数，夏天每日一次，春秋季每周1—2次，冬季每周一次。油性皮肤可适当增加次数，干性皮肤则略为减少。

（5）剧烈运动后不要马上洗澡，以免发生头昏、虚脱。

夏天保存鲜肉的方法

（1）用浸过醋的湿布将鲜肉包起来，可保鲜一昼夜。

（2）将鲜肉煮熟，趁热放入熬过的猪油里，可保存较长时间。

（3）将鲜肉切成10厘米左右宽的块，在肉面上涂一层蜂蜜，用线串起挂在通风处，可存放一段时间，肉味会更加鲜美。

（4）将鲜肉切块入锅略油炸，可短时间保存。

（5）用0.5%的醋酸钠水溶液，将鲜肉浸泡1小时，取出后放在干净容器里，在常温下可保鲜2天。

怎样除冰箱异味

（1）橘子皮除味：取新鲜橘子500克，吃完橘子后，把橘皮洗净揩干，分散放入冰箱内。3天后，打开冰箱，清香扑鼻，异味全无。

（2）柠檬除味：将柠檬切成小片，放置在冰箱的各层，可除去异味。

（3）茶叶除味：把50克花茶装在纱布袋中，放入冰箱，可除去异味。1个月后，将茶叶取出放在阳光下暴晒，可反复使用多次，效果很好。

（4）麦饭石除味：取麦饭石500克，筛去粉末微粒后装入纱布袋中，放置在电冰箱里，10分钟后异味可除。

（5）食醋除味：将一些食醋倒入敞口玻璃瓶中，置入冰箱内，除臭效果也很好。

（6）小苏打除味：取500克小苏打（碳酸氢钠）分装在两个广口玻璃瓶内（打开瓶盖），放置在冰箱的上下层，异味能除。

（7）黄酒除味：用黄酒1碗，放在冰箱的底层（防止流出），一般3天就可除净异味。

（8）檀香皂除味：在冰箱内放1块去掉包装纸的檀香皂，除异味的效果亦佳。但冰箱内的熟食必须放在加盖的容器中。

（9）活性炭除味：把适量活性炭碾碎，装在小布袋中，置冰箱内，除味效果奇佳。

怎样检测自行车慢撒气

自行车慢撒气，主要指充气几个小时后内胎逐渐变软。检查时，内胎充气在水中不见气泡，气门皮、气门芯、气门大箍均无破损，常使人无从着手修理。发生这种现象的原因往往是由于内胎嘴子与内胎连接不严所致。如果把内胎充足气（使内胎膨胀直径大于嘴子周围的直径，甚至胎壁较薄处鼓起一个球形），然后按在水盆里，用手挤压内胎并拨弄嘴子，就会发现，从嘴子根部通过六方螺母，缓慢地冒出气泡。

修理时可用旧内胎剪一小块皮，中间剪一个火柴头大小的眼，朝下的一面涂一层胶水（不用锉），捋到嘴子根部，压上垫圈，旋紧上面的六方螺母，就不会再撒气了。但用钳子夹旋螺母时，用力要适中，否则容易把嘴子夹裂。

怎样预防高压锅爆炸

要避免高压锅发生爆炸需要注意以下几方面：

（1）在使用前要仔细检查锅盖的阀座气孔是否畅通，安全塞是否完好。

（2）锅内食物不能超过容量的4/5。加盖合拢时，必须旋入卡槽内，上下手柄对齐。烹煮时，当蒸气从汽孔中开始排出后再扣上限压阀。

（3）当加温至限压阀发出较大的嘶嘶响声时，要立即降温。

（4）烹煮时如发现安全塞排气，要及时更换新的易熔片，切不可用铁丝、布条等东西堵塞。

第二章

“民以食为天”，饮食是我们每日所需，所谓“药补不如食补”，五谷杂粮、蔬菜瓜果这些天然的饮食中，含有人体所需的各种微量元素，本章主要介绍了饮食的方法及注意事项。

饮食篇

多吃“洋快餐”为什么不好

医学家、营养专家一直提醒：不要多吃“洋快餐”，否则对健康不利。

因为“洋快餐”多为烤和炸，属于高热量、高脂肪、高碳水化合物的食品，富含饱和脂肪酸。一顿“洋快餐”所摄取的热量差不多是一个普通人一天所需要的热量。多余的热量就会转化成脂肪积存在体内，引起肥胖。在风行快餐的美国，有资料显示：经常吃快餐的人中至少有 5000 万名肥胖者，青少年中肥胖人数 1991 年比 1971 年增加一倍多。西方国家把五种病（肥胖病、高血压病、糖尿病、高血脂症、冠心病）称为“五病综合征”，因为它们互相联系，互为因果。

海带有哪些营养价值

海带营养丰富，含有碘、铁、钙、蛋白质、脂肪以及淀粉、甘露醇、胡萝卜素、维生素 B_1、B_2、尼克酸、褐藻氨酸和其他矿物质等人体所需要的营养成分，是一种经济实惠，受人们欢迎的副食。同时它的含碘量达3%～5%。碘是人体内调节甲状腺功能的必需品。成年人缺碘，会引起甲状腺肿（粗脖子），儿童缺碘，则会影响大脑和性器官的发育。另外海带性凉，能消炎退热，补血润脾和降低血压。经常吃些海带，对防治地方性甲状腺肿大有特殊功效。此外，对淋巴结核、腿脚浮肿、消化不良、皮肤溃疡等疾病，也有较好的治疗效果。但海带性寒，脾胃虚弱的人不宜多吃。

空腹吃水果为什么不好

人在空腹时，胃酸分泌增加，胃酸的浓度也较高。因此有些水果是不宜空腹进食的。例如：西红柿含有大量果胶、柿胶酚、可溶性收敛剂等成分。空腹食用容易与胃酸发生化学反应，使胃压力增高，造成急性胃扩张而感到胃胀疼痛。柿子含有柿胶酚、果胶、鞣酸和鞣红素等物质，具有很强的收敛作用。在空腹时如遇较强的胃酸，容易与其结合，凝成难以溶解的硬块，引起“胃柿结石症”。香蕉含有大量的镁元素。空腹吃大量的香蕉，会使血液中含镁量骤然升高，造成体内血液中镁、钙比例失调，对心血管产生抑制作用，不利于身心健康。橘子汁含有大量糖分和有机酸。空腹吃橘子会刺激胃黏膜。使脾胃满闷、嗝酸。山楂味酸，能利气消食，但空腹食用不仅耗气，而且还会增强饥饿感并引起胃痛。

盲目滋补有害

有些人迷信滋补，以为多吃些补药或补品，总有好处，至少没有害处，常常希望医生开人参、鹿茸、肉桂、枸杞子、天麻等中药，或开多种维生素、肌苷、辅酶 A、细胞色素丙、ATP 等，以为常吃补药就可以健康无虞了。其实不然，所谓补，即增添体内不足与缺损的营养成分。如果无缺损和不足，随意滋补，反而会将好端端的一个人“补”出毛病来。这好比衣服破了打上补丁是有用的；但如果非要往新衣服上打补丁，不仅徒劳无益，反而损害衣服的整体美感。

对人体来说，由于某种原因造成机体某些物质的不足，利用相应物质给予补充，那么该物质便叫补药或补品。如海带可以治疗因缺碘所致的甲状腺肿，米糠可以治疗维生素 B_1 缺乏引起的脚气。硫酸亚铁可以治疗缺铁性贫血。米糠、海带、硫酸亚铁虽没有称为补品，但这些对于缺乏维生素 B_1、缺碘及铁的人来说，也无异于补品。

各种补药或补品，都有各自的寒热温凉属性，人的体质也有阴阳虚实之分。正确有益的滋补，要看补物与体质是否相适，补物与病情是否相应，补物与季节、气候是否相当。例如人参，用得恰当确能补益人体，甚至救人性命，但如果不顾病人体质强弱和病情是否需要，盲目地服用人参，特别是长期过量服用，不但无益，反而有害。如果平素体质偏热，又逢炎热的夏季，这时服用人参，则会助火。不仅会发热、口干、便秘，而且会引起烦躁和失眠甚至流鼻血。人参虽能补气健脾，增强消化机能，但如长期过量服用，反而使食欲减退、腹胀和腹泻。在感冒时，如元气虚而乱投人参，也只会加重病情。美国加利福尼亚大学神经病研究所的西格尔医生，对长期服用人参的113人进行了观察，发现他们大多出现一些不良反应。其中14人每日服3~5克，到第24个月，有10人变得兴奋、激动、烦躁并长期失眠；而服用大剂量的4人则出现精神错乱。

俗话说：量体裁衣，对症下药；药症相符，大黄也补；药症不符，人参也毒。这是人类在千百年的医学实践中总结出来的一个真理。有些价格昂贵的补品，如鱼翅、鲍鱼、燕窝、海参等高级滋补品，虽然含有大量蛋白质，但其中每种仅含几种必需的氨基酸，都不是完全的蛋白质，因此不能满足人体的营养需要。而瘦肉、鸡蛋及黄豆等普通食品，都含有8种人体必需的氨基酸，而且含量丰富。如果只是一味地吃那些所谓的珍贵补品，而不吃普通大众食物的话，那么就可能引起营养不良，生长发育迟缓，甚至可能产生疾病，乃至危及生命。

哪些人不宜饮啤酒

（1）慢性胃炎患者不宜饮啤酒。因为啤酒会减少胃黏膜合成前列腺E，易导致胃壁黏膜受到损害，往往引起或加重病人上腹部胀满、烧灼感剧烈、食欲逐渐减退。尤其是萎缩性胃炎患者，症状会更为明显。

（2）泌尿系统结石患者不宜饮啤酒。在酿造啤酒的麦芽汁中，不但含有钙、草酸，而且还含有乌核苷酸，它们可促使肾结石的发生。为此，患有泌尿系统结石的病人，应尽可能少饮或不饮啤酒。

（3）哺乳期妇女不宜饮啤酒。因酿制啤酒的主要原料是大麦和酒花，用麦芽酿制成的啤酒会抑制妇女乳水的分泌。不过，对想给婴幼儿断奶的妇女，则可适量饮一些啤酒。

哪些食品青少年不宜多吃

泡泡糖：泡泡糖中含有增塑剂等多种添加剂，这些物质有轻微毒性，吃多了对发育生长是一种潜在的危害。

果冻食品：果冻食品并不是用果汁制成的。它是由增稠剂、海藻、琼脂、明胶、卡拉胶加入香精制成的。没有营养，有的还有一定毒性。

油条：油条中明矾是含铝的无机物，天天吃难以由肾脏排出，因此对大脑和神经系统有一定损害。

松花蛋、爆米花：这是含铅量很高的食品，青少年吸收率比成人高几倍，多吃这些食品，对消化、神经、造血系统会有损害。

烤肉串：烤肉串在熏烤过程会产生苯并芘等有害物质，比工厂锅炉排出的浓度高 7 ~ 15 倍，比环卫规定标准大 100 倍，对身体危害极大。

可乐饮料：可乐中含有咖啡因，多喝会抑制脱氧核糖核酸的修复，使细胞突变率增加，对健康不利。

哪些食物相克

许多食物由于相互间组合不当或寒热性相差太大的原因，同时食用，便出现营养价值降低，甚至引起疾病，这便是所谓食物中的“相克”。

谷类、肉类、鸡、鸭及各种蔬菜中都含有铁质，吃这些食物时，不宜同时饮用含有丹宁酸的咖啡、菜叶和果酒，否则会降低人体对铁质的吸收能力。

牛奶、酸乳含有丰富的钙质食物，不宜与黄豆、菠菜一起进食，因菠菜含有丰富的纤维素，会阻碍人体对钙的吸收。

铜是身体制造红血球的重要物质，平时可从鱼类、硬壳果、动物肝脏及鸡蛋等食物中吸取，但如果把它们和含锌量很高的食物，如瘦肉混合食用，会减少人体对铜元素的吸收。

另有些食物寒性热性相差很大，如羊肉与西瓜、香蕉与芋头、甘草与鲤鱼、皮蛋与红糖、豆腐与蜂蜜、黄瓜与花生、芥菜与兔肉、狗肉与绿豆、柿子与螃蟹、鸡蛋与消炎片，食用这些食物，最好错开时间进食。

你该多吃些什么

容易冲动的人：多吃一些海鲜类的食品，比如鱼、虾、蟹、贝类和海带等等；另外还要适量补充一些含维生素 B 的食物，比如香蕉、苹果、土豆、茄子、南瓜、油菜和玉米等等。

情绪波动幅度较大的人：需要多吃一些含磷丰富的食物，如葡萄、杏仁、鸡肉、蛋黄、板栗、虾、蟹等等；另外还要吃些含钙丰富的花生、大豆、牛奶、橙子等食物。

头脑固执的人：通常是由于偏爱肉类及高脂肪食物致使血中尿酸增多。建议少吃肉类食物，多吃一些绿色蔬菜和鱼，饮食尽量清淡，按时进餐，不要常吃泡面及其他方便食品。

害怕交际的人：这种人性格冷漠，多属神经质，平常多喝蜜糖加果汁，或适量地饮酒，可以使性格变得开朗起来。

优柔寡断的人：多吃一些带有辣味的食品，还应多吃一些肉类、水果和蔬菜，尤其应多吃一些富含维生素 A、B、C 的食物。

依赖性严重的人：引起这种状况一般为过多摄入糖分所致，应该少吃含糖量高的食品，建议多吃一些碱性食物和含维生素 B 的食物，例如白菜、花生、麦、糙米、动物的肝、心和肾等等。

多愁善感的人：多吃一些增加体力的动物性蛋白质，饮食尽量清淡，不要经常喝咖啡等刺激性饮料。

死鳝鱼不能吃

鳝鱼的营养价值很高，但市场上出售的都是活鳝鱼，一旦死亡就不宜出售了，这是为什么呢?

鳝鱼的蛋白质中含有一种叫组氨酸的物质，鱼死后，细菌能将组氨酸分解为有毒的组胺。天气越热生成的组胺越多，死的时间越长组胺越多。人吃了含有组胺的鳝鱼，会发生组胺中毒。

除了死鳝鱼以外，死鳖、死蟹也容易产生组氨酸，吃时一定要注意。

为什么不要用温锅水煮饭

一些集体伙食单位，每在饭后，总是习惯性地往锅内加些凉水，使其自然温热，认为这样既节约能源，下次煮饭又方便。殊不知，有时用温锅水做饭，人吃了以后也会发生中毒。症状为：皮肤青紫、呼吸急促、心跳加快、呕吐腹泻，严重的可致呼吸衰竭而危及生命。

这是因为，有些地区水内含有大量的硝酸盐，如果锅刷得不干净，染有还原性细菌，又有适宜温度，细菌便会大量生长繁殖，把水中的硝酸盐还原成亚硝酸盐。如果用这样的水煮饭、烧汤，就会发生亚硝酸盐中毒。

为什么不宜长时间用保温瓶装牛奶、豆浆

牛奶是一种营养价值极高的食品，不仅含有丰富的蛋白质和钙，而且其营养素易被人体消化、利用。但如存放不当使牛奶变质，喝了也会出现一些副作用。

有人为了省事，往往爱将热牛奶、豆浆放在保温瓶里，这种做法就很不科学。牛奶、豆浆里含丰富的蛋白质，是细菌的良好天然培养基。如果温度在20℃～40℃之间，细菌就会大量繁殖，一般20分钟就能繁殖1代，若过3—4小时后，瓶中牛奶、豆浆就易变质。人喝了这种变质牛奶、豆浆，容易出现恶心、呕吐、腹痛、腹泻等中毒症状，影响身体健康。所以，牛奶、豆浆宜现煮现饮，不宜长时间存放在保温瓶内。

为什么不宜常吃汤泡饭

俗话说“汤泡饭，嚼不烂”。汤和饭混在一起吃，是个不好的习惯。时间久了，会使消化机能减退，引起胃痛。

我们吃进的食物，首先要在口腔中进行初步消化。坚硬的牙齿将大块食物切磨成细小粉末和颗粒，同时唾液腺不断分泌唾液。与食物充分混合，唾液中的淀粉酶使淀粉分解成甘甜爽口的麦芽糖。便于胃肠进一步消化吸收。人吃固体粉状食物时，咀嚼时间长，唾液分泌量也多，有利于润滑和吞咽食物。汤和饭混在一起吃，咀嚼需要的时间短，唾液分泌亦少，食物在口腔中不等嚼烂，就同汤一起咽进胃里去了。这不仅使人“食不知味”，而且舌头上的味觉神经没有刺激，胃和胰脏产生的消化液不多，并且还被汤冲淡，使吃进的食物不能很好地被消化吸收，日久，就会引起胃病。所以。不宜经常吃汤泡饭。

为什么不宜多吃油炸食品

有些致癌物质是在加工烹调中形成的，尤其是高温烹调。1977年国外研究人员首先发现，肉或鱼经高温加热后，其烧焦的表面有致突变性，而且非常强。后来，一些学者进行了系统的研究，发现不仅肉、鱼经高温烹调可产生强致突变物，蛋、奶、动物内脏、干酪和豆腐都可产生致突变物。目前普遍认为，人体的癌瘤即为一种突变，而高温烹调产生强致突变物，其实质即为致癌物。

进一步研究表明，这些强致突变物系由蛋白质、氨基酸热解产生的。常见的氨基酸中色氨酸热解产生的物质致突变性最强，其他如赖氨酸、谷氨酸、苯丙氨酸等都可生成各自的致突变物质。大豆蛋白热解时也可产生两种致突变物。火焰烧烤的牛肉块或鸡块也有类似物质存在。

用这些热解产物进行动物试验，发现确有诱癌作用。给大鼠喂食含0.2%的色氨酸热解产物，肝脏可发现癌前病变及肿瘤结节。给地鼠每周2次皮下注射15毫克色氨酸热解产物，20周后就可诱发出肉瘤。饲喂小鼠含0.02%色氨酸热解产物的饲料，可诱发出肝癌，其中有的可转移到肺。

正常烹调中并不一定有这类致癌物，因此应尽量避免蛋白质食物烧焦或在高温油中煎炸。

为什么不宜在生日蛋糕上插蜡烛

现代人过生日喜欢讲究“仪式”，在生日蛋糕上点燃一支支红蜡烛，然后再一口口吹灭。这样做是可以给生日增加喜庆的色彩，但这又是极不卫生之举。

因为首先是一块新鲜光亮的蛋糕被小蜡烛插得千疮百孔，蜡烛不能保证清洁，有可能被病菌污染；其二是当点燃蜡烛时，火柴灰、烛油之类的脏物免不了掉落，使蛋糕受到第二次污染；其三是蜡烛点燃后，要将其一一吹灭，“寿星”自己吹还不算，有时还由别人代劳，这势必唾沫四溅，病菌乱舞，如果吹烛者正好是传染病患者，岂不把病菌吹到了蛋糕上？这样一次次地污染，当蛋糕入口，很可能把喜事变忧。因此，尽量不要在生日蛋糕上插蜡烛。

为什么吃零食不好

所谓零食就是指在一日三餐之外，随时吃的那些零零碎碎的小食品。

我们体内每个器官的工作都有规律，胃肠也不例外。该吃饭时，吃下饭肠胃就会自动去消化吸收。胃工作了一段时间，要休息一会儿才能更好地工作。可是如果我们有吃零食的习惯，使胃里经常有东西需要消化，就会使胃肠老是处在兴奋状态，一刻不停地工作，时间长了将会因为过度疲劳而引起功能失调，造成消化不良，吸收不佳的毛病。而且平时吃多了，胃里装满了这么多零零碎碎的食物，撑得鼓鼓的，等到该吃正餐的时候，哪里还有地方装饭菜，到时一定会没有食欲。一吃不下饭，就无法从各种食物中得到充分的营养，时间一长就会造成营养不良。

为什么儿童不宜饮可乐型饮料

可乐型饮料是加入了咖啡因的饮料。近年来许多研究证明，可口可乐对动物的记忆有干扰作用，最低作用剂量为每公斤体重 5 毫克。如一个 12 公斤体重的儿童，一次饮用 2 瓶可口可乐即可达到作用剂量。另外，由于咖啡因对中枢神经系统有较强的兴奋作用，其作用部位可以从大脑皮层到脊髓的不同节段。因此，有学者研究证明，儿童多动症产生的原因之一，与过多饮用含咖啡因饮料有关。

近年来国内外学者还报道，咖啡因对人体有潜在性危害。体外试验证明，它还可抑制脱氧核糖核酸的修复，使细胞突变率增加。

鉴于以上种种原因，儿童不宜饮可乐型饮料。

为什么胡萝卜有“小人参”之誉

20 世纪 20 年代，美国科学家摩尔发现草食动物肝内都含有丰富的维生素 A，而患干眼病的动物肝内却没有。不吃荤食的动物肝内的维生素 A 是从哪来的呢？一次，摩尔又发现几只山羊在有滋有味地咀嚼抛在地上的胡萝卜，于是他用胡萝卜喂老鼠，结果出现了奇迹——患干眼病的老鼠痊愈了。难道胡萝卜内真有防治干眼病的维生素 A？他经过实验分析，大失所望。后来，摩尔同德国化学家卡勒经过数年研究，终于发现胡萝卜内有一种胡萝卜素，它在草食动物肝内的氧化酶的作用下，可转化成维生素 A。至此，上述问题才得到解答。

胡萝卜是含有大量胡萝卜素（即维生素 A 元）的一种蔬菜，它的含糖量也比较高，还含有维生素 B_1、B_2 及蛋白质、脂肪、钙、磷、铁等，营养丰富，故有“小人参”之称。胡萝卜是一种保健食品，对人体兼有食补和药补的作用。人们早已知道，经常食用胡萝卜，增加维生素 A，可以维持构成视觉细胞的视紫质的正常效能，防治夜盲症。中医学认为，胡萝卜性平味甘，有补五脏、益肠胃、利胸隔等功效。现代医学研究认为，胡萝卜有降血压、降血脂和降血糖的作用，对高血压、糖尿病患者是一种佳蔬良药。据文献报告，胡萝卜还有加速排出人体内汞离子的作用，可防止汞中毒。所以经常接触汞的人，应多吃些胡萝卜。另据国外调查，胡萝卜素有助于防治甲状腺肿；德国山区儿童吃胡萝卜多的，甲状腺肿的发病率低；吃胡萝卜少的，甲状腺肿的发病率约两倍于前者。

尤其值得重视的是，吃胡萝卜可以防癌。美国科研人员和英国癌症研究会主席理·多尔的研究，对此都予以证实。吸烟的人常食胡萝卜，癌症发病率明显下降，胡萝卜素甚至对已转化的癌细胞也有阻止进展或使其逆转的作用。不吸烟的人经常摄入这种食品也有同样效果，据苏联资料介绍，有一名晚期肺癌患者，经常饮胡萝卜汁，吃胡萝卜，经过半年左右，其体力基本恢复。胡萝卜所含的可以防癌的维生素，比化学药物维生素的疗效要好，因为，如大量服用后者则会引起中毒。

胡萝卜物美价廉，经常食用有益健康，不过最好用油炒或与牛、羊肉同煮而食，生吃则影响人体吸收，因为胡萝卜素是脂溶性物质。当然，食用胡萝卜也不宜过多，否则会引起皮肤黄染（称黄皮病），不过只要停食 2 ~3 个月，黄染即自行消退。

为什么牛奶不宜与巧克力同时食用

牛奶和巧克力都是高级营养食品，但若同时食用，不但毫无益处，反而有害健康。

牛奶富含蛋白质和钙质。巧克力被誉为能源食品，但含有草酸。如若二者同食，则牛奶中的钙与巧克力中的草酸，就会结合成草酸钙，影响消化吸收。若长期同时食用，可造成头发干枯、腹泻，出现缺钙和生长发育缓慢等。因此，牛奶与巧克力不宜同时食用。但间隔开分别食用则无妨。

为什么啤酒不宜长期冷冻

夏季，有的人为了喝啤酒解暑，常把啤酒存放在冰箱里冷冻，饮用时才取出来。其实这种做法是不可取的。因为贮存啤酒的适宜温度夏季为5℃～8℃，冬季为9℃～12℃。如果温度低于0℃，啤酒不但泡沫很少，而且酒中的蛋白质可与鞣质结合，生成沉淀物，使啤酒出现“冷混浊”。如果这种现象出现的时间不长，可将酒瓶放进热水中浸泡，此现象即可消除与改善。若将啤酒长时间处于低温环境下，酒中的沉淀物可能被氧化，其口味和营养价值会大大降低。因此，夏天不宜将啤酒长时间地放在冰箱里贮存。

为什么受凉后要喝姜汤

人受凉后很容易伤风感冒，但如能及时喝上一碗姜汤（加上一些红糖则更好），一般就可避免。

这是因为生姜具有驱寒健胃的功效。生姜中有辛辣素，它有刺激作用。会促使胃条件反射而分泌更多的胃液，不仅能健胃，而且还能合理调节肠胃功能。生姜中还有芳香性的挥发油，喝了热乎乎的姜汤，血液循环会加快，全身感到温暖，身上的寒气也驱散了。烧姜汤时最好多熬一会儿，让生姜中的辛辣素、芳香性的挥发油更好地分解出来，从而使姜汤的驱寒健胃功用发挥得更佳。

为什么酸牛奶比鲜牛奶好

牛奶含有丰富的蛋白质、脂肪和钙、磷、钾、铁、镁、维生素A、B等营养物质，其中的蛋白质90%以上可以被人体吸收利用。鲜牛奶虽然营养丰富，但有些人喝鲜牛奶后感到胃部不适，其原因是鲜牛奶中含有乳糖，而一些人体内的消化液中缺少帮助消化乳糖的催化剂——乳糖酶。如果将鲜牛奶加工成奶制品——酸牛奶，不仅能消除胃部的不适，而且还能促进消化吸收。

酸牛奶中含有大量乳酸杆菌，能将牛奶中的乳糖分解为乳酸，使肠道的酸碱度趋向酸性，以抑制肠道内其他有害细菌。

乳酸杆菌还能够在肠道内合成人体必需的维生素B、E等多种维生素。

酸牛奶可以促进胃酸分泌，提高消化功能。鲜牛奶中的钙质，在酸牛奶中形成乳酸钙，容易被人体吸收。

为什么夏天剩余饭菜保存时应再煮沸10分钟

炎热的夏天，吃剩的饭菜很容易变馊，应该怎样保存呢？

能直接煮的食物，像粥、汤等，放进锅煮沸10分钟左右，把里面细菌彻底杀死，然后端下锅，不要立刻掀开锅盖，以免空气中的细菌再次侵入。

不适宜煮的可用锅蒸，端锅后同样不能立刻掀盖。

热过的饭要放在通风阴凉的地方，下次吃前还要再热一下。

为什么鲜荔枝不宜多吃

荔枝是果中佳品，含有丰富的糖分、蛋白质、多种维生素、脂肪、柠檬酸、果胶以及磷、铁等，是有益于人体健康的食品。

但大量食用鲜荔枝，会导致人体血糖下降，口渴、出汗、头晕、腹泻，甚至出现昏迷和循环衰竭等症，医学上称为“荔枝病”。

因此，不要连续大量吃鲜荔枝，尤其是小孩。

未煮熟的豆浆为什么有毒

豆浆含有较丰富的蛋白质和脂肪以及钙、磷、铁、维生素 B_1 等，价廉物美，深受人们的喜爱。但是，食用豆浆中毒的事情也时有发生，其原因与豆浆未煮熟有关。

食物进入消化道后，消化道内有两种十分重要的消化液——胰液和小肠液。前者含有胰蛋白酶，是一种消化食物蛋白质的重要酶类。未煮熟的豆浆中含有皂素、抗胰蛋白酶等有害物质。皂素对黏膜有刺激性，它还含有能破坏红细胞的皂毒素，使人发生中毒，产生恶心、呕吐、腹痛、腹泻等症状。抗胰蛋白酶可使蛋白质不被消化吸收，从而刺激胃肠，引起呕吐、腹泻。

未煮熟的豆浆中还含有一种叫做脲酶的物质，它同样可引致人体中毒。

煮豆浆要警惕“假沸”现象。豆浆由于皂素的作用，加温至80℃时，便出现泡沫，以后泡沫越来越多，此时有害物质并未被破坏，而有人却误以为豆浆已经烧开了。喝了这种“假沸”豆浆，很容易发生中毒，对此务必充分注意。一般应将泡沫除去，直到豆浆沸腾为止。

第三章

为什么会发生小腿抽筋，人突然晕倒怎么办，您想了解其中的奥秘吗，请随我进入——医学篇。

常看电视为什么要补充维生素 A

在视网膜感光细胞中有一种特殊感光物质，医学上称为视紫红质。它经过一系列的光化学反应后，使眼睛能在暗处或夜晚看清四周的景物。

人们通常在较暗的环境下集中精力收看电视节目，这样就消耗比较多的视紫红质，而视紫红质是由维生素 A 合成的，实际上就是消耗一定数量的维生素 A。如不经常补充足够的维生素 A，会使血液中维生素 A 减少或不足，必将影响感光细胞的光化学反应，不能合成足够的视紫红质。由于视紫红质受暗光的作用恢复变慢，暗适应时间也就延长，严重时会造成晚间视觉障碍，即人们常说的夜盲症，这就会对生活、工作和学习带来影响。

常看电视的人，要及时补充含有丰富维生素 A 的食物，如胡萝卜、菠菜、荠菜、韭菜、橘子以及动物肝脏、鸡蛋、牛奶等，必要时服用肝油，以保证有足够数量的维生素 A 参与视紫红质的合成。

感冒时为什么鼻子不通气

一般感冒，首先引起的是上呼吸道的感染。上呼吸道指的是鼻腔、咽、喉、气管等，这些地方都会发生炎症。

鼻腔是呼吸道的门户，病菌感染，鼻腔是首当其冲的。鼻腔的表面是一层黏膜，密布着丰富的毛细血管，这些血管对寒冷空气的刺激特别敏感。冷空气的刺激，会通过神经系统的支配使鼻腔黏膜红肿起来。鼻腔的空间本来就不很大，鼻黏膜的红肿，很容易把空气进出的通道给堵塞，这样使得呼吸很困难，使人感到很不舒服。

伤风感冒鼻子不通气，可以请医生滴一滴收缩血管的药水，这样会使鼻黏膜上血管收缩，马上就会通气了。当然这只是一个暂时的解救办法，过一段时间鼻子还会堵上。最根本的办法是增强体质，多到户外活动，提高抗感冒的能力，就不会有鼻子不通气了。

鼻子不通气不仅使人呼吸困难，而且嗅觉也不灵敏。鼻腔的后壁上方分布有嗅觉细胞，专门接受空气的刺激，通过嗅神经传到大脑皮层嗅中枢，使人产生嗅觉，闻出气味。鼻子堵塞，阻挡空气进入，失去了气体刺激，当然不会产生嗅觉。而且鼻黏膜肿胀，也会降低嗅觉细胞的灵敏性，影响嗅觉。

流行性感冒与普通感冒有什么区别

普通感冒（包括伤风、上呼吸道感染）也是呼吸道传染病。普通感冒由细菌、病毒、支原体等引起，疾病的发生常与患者受风着凉、紧张劳累、抵抗力下降有关。一般症状较轻，传染性弱，在一年内会多次发生，可引起支气管炎、肺炎、心肌炎、关节炎、脑膜炎等并发症。它即使在冬春季形成普通感冒流行，也不是流行性感冒。

流行性感冒（流感）的病原体是流行性感冒病毒，分甲、乙、丙三个类型，甲型流感病毒最容易发生变异，一旦出现大变异形成新病毒，人们都缺乏免疫力，就会引起大流行。流感发病急、症状重、传播快，发烧可达39℃～40℃，头疼、发冷、全身酸疼、极度无力；一般抗生素治疗无效。可危及生命。

排尿时突然晕倒的原因

有的人在小便时突然发生头晕，甚至晕倒，以清晨或夜间小便时多见，医学上称之为排尿性晕厥。

出现以上情况时，可采取以下措施。

（1）患有此病者，小便速度宜慢。小便出现头晕时，扶住现场固定物体，以防跌伤。

（2）晕厥发作频繁的患者，可使取坐便，以防止晕厥的发生。

（3）患有此病者，有尿意即小便，防止膀胱过度充盈，可减少晕厥发生。

（4）如患者同时有失眠、多汗、心慌等植物神经功能紊乱现象，还可口服维生素 B_1、B_6 和谷维素等，以调节植物神经功能。

人睡觉的时候为什么会打呼噜

你可曾注意到，有的人睡觉的时候鼾声如雷，常常惊扰别人的美梦，可他自己却酣睡不醒。

为什么有的人睡着了还要打鼾呢？

睡觉时，尤其是深睡时，全身肌肉松弛，连小舌（又叫“悬雍垂”）也下垂，挂在喉咙口的小舌受进出空气的冲击会产生鼾声。打鼾也可能是因为鼻子里气体的流通发生了障碍的缘故。鼻子不通气，呼吸发生困难，自然就改用口呼吸。口呼吸，特别是在吸气时，会振动口腔后上方的那块软腭。软腭随着空气的进出口腔而颤动，就会发出呼噜呼噜的声音来。

看了上面所说的道理，你可能要提出一个新的问题：鼻子又没毛病，怎么会不通气的呢？

这是因为他们在睡觉时，没有把头的位置放正的缘故。头的位置不正，就容易使鼻子通气不畅。所以要免除鼾声，就需要注意睡觉时的头部位置，不要仰睡，而要侧睡。不让鼻子塞住。如果睡眠时用口呼吸成了习惯的话，鼾声就很难消除。

另外，鼻甲（把鼻腔分成窄缝的骨组织，左右鼻腔内各有 3 个）肥大，鼻咽部淋巴腺肿大等也会使得鼻子不通气而打鼾，这种情况在儿童中更为常见。

人突然晕倒怎么办

少年儿童突然晕倒的现象是较为常见的。发生晕厥的原因大致有以下几种：

（1）直立性晕厥。少年儿童血管神经调节功能不够健全，在突然很快站起来的时候，四肢血管扩张，脑供血不足，发生眼前发黑，以致晕倒和暂时意识丧失。

（2）气温改变。夏季气候炎热或在目光下曝晒过久，冬季温度过低，血液循环受到影响，两者均可引致脑缺氧发生晕厥。

（3）疾病因素。如贫血、心肌炎、先天性心脏病等。突然改变体位或过度疲劳时，同样可使脑部缺血，从而导致晕厥。青少年贫血比较多见，尤其是女孩子，一方面由于月经，另一方面由于营养摄入不合理，极易发生贫血，而贫血是突然晕倒的一个常见原因。

在一般情况下，紧急处理的最好措施便是立即使病人平卧，还可用冷毛巾刺激皮肤，并给一些糖水喝下。

反复发作晕厥的青少年，必须引起重视，因为这意味着身体内有可能存在某种疾病，应该到医院去详细检查一下。

生病为什么要多喝温开水

水是人体中最主要的养料，它可以调节体温，冲淡毒素。

生病的时候，多半会带有发烧，水既然能调节体温，多喝水就能通过汗水的蒸发或小便的排泄而散热，使体温降低。

生病的时候，体内多半有很多细菌所产生的毒素，而且新陈代谢功能也紊乱了，产生一些对人体有害的物质，多喝水就可以冲淡这些毒素，并且随小便排出体外。

此外，如果生病的时候有上吐下泻、出汗多发高烧等症状，更要赶紧喝水，以补充体内水分，免得发生脱水现象而使病情加重。这时候医生多半要给病人吊瓶输葡萄糖盐水液，目的之一也是为了补充水分。

什么是生命的 28 害

生命科学家认为，人可以活 150 岁以上。然而，绝大多数人的寿命为什么仅几十年？人之所以夭折，通常是被以下 28 害暗中夺命的。

（1）吸烟酗酒；

（2）营养单一；

（3）饮食无度；

（4）忽视早餐；

（5）晚餐过量；

（6）焦煳食物；

（7）食盐过多；

（8）霉变食物；

（9）腌、熏食物；

（10）爱吃烫食；

（11）铝制食具；

（12）壶、瓶水垢；

（13）油烟尘雾；

（14）衣着脏乱；

（15）起居无常；

（16）睡眠不足；

（17）四体不勤；

（18）不肯用脑；

（19）过度劳累；

（20）懒于洗浴；

（21）不护牙齿；

（22）滥用药品或补药；

（23）讳疾忌医；

（24）运动不足；

（25）肥胖；

（26）孤独寂寞；

（27）夫妻分居；

（28）自私嫉妒。

什么是植物人

所谓植物人，是医学上的一种类比。植物有生命、有新陈代谢，但没有意识和思维。医学上把那种类似植物，有心跳、呼吸和分泌、排泄，却不能进行思维的人称为植物人。

由于种种原因，人的脑神经和脊神经受到损伤而只有植物神经系统完好如初，维持着人体内脏各部分的正常运动，有正常的呼吸和心跳，却只能躺着不动，也不会再有思维，这就成了植物人。

植物人的治愈率极低，所以植物人被称作为“活着的死人”。随着科学的发展，有朝一日大脑移植可望成为现实，这将是拯救植物人最有效的方法。不过，到那时人们也许会问：被救活的到底是植物人呢，还是提供大脑的那个人？

挖鼻孔为什么不好

有的小朋友很爱用小手指挖鼻孔。这种习惯不但不雅观、不卫生。而且对鼻腔有害，容易引发多种疾病。

人的鼻孔里有鼻腔，在鼻腔的表面覆盖着一层又薄又嫩的鼻黏膜，黏膜上有许多很细很小的血管。用手挖鼻孔时，又尖又硬的手指甲很容易把黏膜上的血管碰破，引起出血。同时，人的一双手整天在东摸西摸，会沾染各种灰尘和污物，在这些灰尘和污物中藏有各种细菌和病毒。如果黏膜挖破了，鼻腔就很容易被手上的细菌和病毒所感染，引起鼻黏膜发炎、红肿。

为什么艾滋病被称为“21 世纪的瘟疫”

20 世纪七八十年代，欧美国家开始流行一种很奇怪的疾病。病人大多表现为肺炎似的症状，如长期发热、咳嗽，有些病人表现为慢性腹泻，体重减轻，以后又出现霉菌感染。但奇怪的是，对于这种看起来很普通的症状，使用任何药物都没有效果，大约 4 – 5 年后，这些病人几乎都被死神夺走了生命。为了揭示这种可怕疾病的内幕，科学家经过大量调查研究，在 1981 年终于发现了此病的病原体——一种毫不起眼的病毒。正是这种病毒，像瘟疫一样，在世界范围内迅速蔓延。由于该病能使人体免疫功能几乎失去作用，所以被命名为获得性综合免疫缺乏症，英文缩写为 AIDS，汉语读音为艾滋。

艾滋病在短短数年内便席卷全球，世界上任何一个国家都未能幸免。据世界卫生组织有关资料的统计。艾滋病已成为当今人类面临的最严重的健康威胁之一。

目前，治疗艾滋病还没有特效药，有些药物仅能改善患者症状和延长生存期，但有毒副作用。由于艾滋病尚无疫苗预防，发病后又无特效药治疗，且死亡率极高，所以被称为“21 世纪的瘟疫”。研究证明，艾滋病的主要传播媒介为血液、精液和其他体液（包括唾液、母乳等），主要的传播途径是同性恋、两性不健康的性行为、输血、打针、分娩和哺乳。它不会通过空气传播，也不会经蚊虫叮咬传播，更不会经共用饮食、游泳、劳动、握手、同用厕所而传播。所以只要一个人能够洁身自爱，坚决杜绝不正当的性行为，不吸毒，慎用血液及其制品，这样就不会染上或传播艾滋病。

为什么不渴也要喝水

每人每天应喝1000～1500毫升水，才能满足身体的需要。如何补充水分呢？首先，不能等口渴时才喝水。口渴的信号已表明体内严重缺水，对身体是不利的。要养成即使口不渴也经常喝水的习惯。

每日起床洗漱后，早餐前饮一杯水（200～300毫升），温开水最好。经过一夜睡眠，人体呼吸和出汗散发，加上小便，虽然没有明显渴的感觉，实际上人体已经缺水，血流减慢，代谢迟缓。如果起床后喝一杯水，很容易被吸收，能加快血液流动，提高运输氧和养分的功能，排泄废物，从而增强人体免疫能力。午、晚餐前半小时饮一些水，以保证各个器官分泌出一定的消化液，帮助消化食物，吸收营养。吃饭时再喝些汤，有利于消化吸收。睡觉前半小时也可喝些水，其他时间根据需要随时补充。

为什么不能随便挖耳朵

耵聍就是我们常说的耳垢。它是耳朵里的耵聍腺所分泌出来的油样、水样物质，与耳内脱落下来的表皮混合在一起。

有的人习惯常掏耳泥，有些年轻的妈妈还特别喜欢给自己的孩子掏耳朵。

可不要小看耵聍，耵聍对人还有不少益处呢。耵聍可以保持外耳道的适宜湿度并且它的黏性物质能够把耳内的尘埃、病菌粘住，一来可以阻止进入中耳和内耳，二来耵聍本身含有脂肪酸，使外耳道处于酸性环境而具有杀菌作用，起到预防耳内感染的作用。

耵聍有特殊的苦味，可使小虫子或昆虫望而生畏，不敢贸然钻进去捣乱。比如蚊子天黑出来叮咬人，从没听人说过钻到耳朵里叮咬，可能就是这个原因。当然，它和耳毛一起，组成一道防线，防止异物或昆虫直接入侵，也是原因之一。

耵聍还有防水、缓冲强力的声波对耳膜冲击的作用。

有人可能还想到，耵聍腺不断分泌耵聍，天长日久不会把耳眼堵住了吗？不要担心，耵聍附着在外耳道的外 1/3 处，经干燥形成疏松的薄片，堆积一定量，就会随着讲话、吞咽、颞颌关节运动使耵聍失去附着力，脱落下来，侧卧位时，聚集在外耳道的耳垢就自然退出外耳道。

当然，耵聍分泌旺盛，可用牙签卷上消毒棉花，轻轻地挖。不可用不洁的尖硬物作掏耳用具，以防戳破外耳道皮肤或弄破鼓膜，引起皮肤发炎化脓，减退听力甚至导致耳聋。

医学篇

为什么不要乱吃补药

中国有句古话，叫做“药补不如食补”。说明一个健康的人主要依靠食物补充营养，不能依靠吃补药来增进健康。

有些人认为多吃补药总是好事，于是人参、阿胶、鹿茸等乱吃一通，结果非但没有带来好处，相反还会影响健康！

拿补药之王人参来说，就有偏热性的红参，偏凉性的生晒参、皮尾参和偏温性的白参等区别。属于火气大的人，不能服。偏热性的红参会引起头痛、头胀、口干、咽痛、鼻出血；火气小的人不能服凉性人参，否则会产生畏寒、头昏、眼花、腹泻、即使是温性的白参也不能服得太多，否则会产生兴奋、激动、失眠和血压升高等副作用。

阿胶是用黑驴皮熬制成的一种皮胶，对月经过多的妇女有滋补作用。可是，这种补药一般健康人服用后，反而会影响消化功能，甚至产生腹泻现象。

鹿茸类滋补品比较适用于老人怕冷和妇女体虚，而平时身强力壮的人服用后，会感到不舒服，甚至产生头胀、口干，鼻出血等现象。

除此以外，一些经过提炼、精制后的补品，如人参蜂皇浆、虫草精等等，也不是任何人都可随便吃的。

以上只是举了一些例子，从中可以看出，服用补药其实是一桩很有学问的事。好端端的健康人不必去吃补药，尤其儿童或青少年，生理功能良好，新陈代谢旺盛，身体各个器官的工作欣欣向荣，哪有什么必要去吃补药呢？何况乱吃补药还会产生副作用。以前有过不少这样的报道，一些儿童吃了某些含有性激素成分的补药，结果发生性早熟现象。即使是适宜吃补药的人，也不能乱补一通，应该在医生指导下，根据身体情况，选择合适的补品，适量地服用，这样才真正符合医学道理。

为什么吃东西要细嚼慢咽

我们吃东西的目的就是要吸收营养，维持生命。如果我们吃东西的时候，没有把食物充分地嚼碎，马上吞到胃里，就会增加胃的负担。因为胃是柔软的肌肉组织，所以不能消化大而硬的食物。一旦有大而硬的食物进到胃里，胃就必须分泌大量的胃液，来消化这块食物，而不易消化的食物也会不停摩擦胃壁，日久会造成胃病。胃部不能消化的食物，直接送到肠里，肠也不能吸收它的养分，只得排出体外，这样就影响了营养的摄取。所以吃东西一定要细嚼。

此外，如果狼吞虎咽，不但会把没有嚼碎的食物吞下，而且在吞食的时候，因为太过急躁，吞下许多空气，就会觉得胃胀。所以，吃东西一定不能急，不但要细嚼，而且要慢咽。

为什么会产生细胞癌变

癌的拉丁文为cancer，原意是山蟹。山蟹又凶又怪，又爱乱爬，形象地反映了癌的凶恶与易扩散。

医学上认为癌症是一群不随生理需要，反常地生长，而且不成熟的细胞集团。癌细胞大量消耗人体营养，破坏人体正常组织，严重危害机体，并且到处扩散转移，是人体中的“害群之马”。癌细胞的主要特征有三：一是分裂的无秩序，不管人体需要与否，不受周围组织制约，发疯似的分裂。它优先夺取养料，使患者消瘦衰弱；侵入周围组织，引起出血等一系列症状。二是可以转移，癌细胞彼此容易离散，一部分游离的癌细胞可以通过血液和淋巴，转移到体内其他位置，形成新的癌组织。三是细胞发育不全，没有正常的生理功能。如白血病患者血液中白细胞由每立方毫米几千个升至几万、几十万个，但幼稚细胞占90%以上，不但不能起到联合作战部队的作用，反而对病菌不闻不问，结果反复被病菌感染，患者常高烧不退。

癌变细胞有特殊的形态结构。它的细胞膜上褶皱很多，影响细胞的吸收和排放功能。线粒体变形或缺损，影响了细胞内能量的供应。内质网、核糖体也有变化，影响到产生正常蛋白质的功能。细胞核增大，形状不规则，染色体变形。更严重的是癌细胞会无限地分裂，分裂后的细胞并不能形成正常器官，只是大量堆积成肿块。如胃上有了癌变细胞，这些细胞大量分裂之后，不形成胃黏膜和胃壁肌肉，在胃内堆积大量癌变细胞，这些癌细胞越多越破坏胃的结构。假如癌变细胞从肿瘤上脱落，随血液流向其他器官，就形成癌的转移。

造成细胞癌变的原因，现在有五种说法：一是环境因素引起的，如吸烟者易患肺癌，吃黄曲霉毒素污染的食物易患肝癌，受到放射线照射易患白血病等。二是病毒感染引起的，如乳腺癌患者的乳房分泌物中已找到B型RNA病毒。三是原癌基因活化学说，认为所有细胞都有潜在的原癌基因，正常情况终生处于抑制状态，一旦活化即发生癌变。四是调控失常学说，对细胞内正常基因的调节控制一旦出现问题，可能出现细胞癌变。五是人体免疫功能低下，正常时有几个癌细胞自身可以及时予以清除，免疫功能下降时就发展成癌。

为什么会发生小腿抽筋

有的人由于站立过久，徒步长途旅行，下肢受冻等，夜间入睡后出现小腿抽筋，影响休息，医学上称之为腓肠肌痉挛。如果出现上述情况，可采取以下方法进行防治。

（1）发生小腿抽筋时，应将下肢伸直，足趾跷起，可缩短抽筋时间。

（2）如长时间站立，长途步行和下肢受凉后，在睡觉前用摄氏50度左右温水泡脚15分钟，或以热水浸泡的毛巾热敷双小腿的屈侧。

（3）经常出现小腿抽筋或孕妇夜间发生抽筋，可在医生指导下，适当服葡萄糖酸钙片及维生素B_1。

为什么有的人会见了血就晕倒

有的人看到自己的血或他人的血当即出现头昏、眼花、恶心、呕吐、面色苍白、出冷汗，重者可发生晕倒，这多由于精神过度紧张，直接影响心血管运动中枢功能，出现外周血管扩张，血压下降，脑短暂性缺血而引起。

发现有人见血晕倒时，可采用以下方法处理：

（1）立即将病人置于平卧位，头部稍低于足端。

（2）以手指按掐患者鼻尖下方（即人中穴）。

（3）给病人喝些热茶水或热糖水。

（4）检查病人有无外伤并及时进行处理。

（5）病人如出现脉搏跳动过快，不整齐、神志不清等，应及时送医院做进一步检查治疗。

为什么久蹲立起时眼前发黑

有的人在较长时间蹲位突然立起时，可出现眼前发黑、乏力，甚至晕倒，这种现象多为体住突然改变，全身血流短时间分配给头部的血液少，出现短暂性脑缺血所致，多数不属病态，如经常发生，可采取以下方法处理：

（1）尽可能避免时间过长的下蹲体位，由蹲位改变为立位时速度宜慢，缓缓立起时可逐步改善脑部的血液供应。

（2）年事较高或体质过度虚弱者可将蹲式大便改为坐便，可以防止上述现象发生。

（3）由蹲位立起时，如经常出现眼前发黑现象，应在体位改变时扶住现场的固定物体，以防晕倒跌伤。

（4）如在体位改变时，经常出现难以自控的晕倒，应去医院做必要的检查和治疗。

为什么切除了一只肾的人还能活

肾脏俗称腰子，它好比是人体排泄和解毒的“过滤器”。人如果没有肾脏，就无法生存。但若能保留一只功能正常的肾脏，人照样能排尿和生存。这是为什么呢？这是因为人的肾脏左右各一。肾脏的主要功能是保存身体内的正常水分和身体必需的电解质；排出过剩的水分和电解质以及来自机体的代谢废物和进入的有毒物质。肾脏的功能单位叫肾单位。每个肾约有 125 万个肾单位。每个肾单位像一套完美的“过滤器”。肾单位由一团肾小球毛细血管和肾小囊所组成的肾小体及一条肾小管组合而成。

把大白鼠的双侧肾脏切去 5/6—7/8，3 个月内残余的肾小球体积增大，6 个月后肾小球系膜细胞出现增殖现象。切除动物的单侧肾脏后，留在体内的一只肾脏的单个肾小球的滤过率增加。这说明切去了一只肾脏，另一只肾脏的每一只肾单位的功能会代偿。肾单位减少一半（如切除一侧肾脏），肾的排泄和调节功能仍能保持良好。所以，人一旦因病或捐献切去一只肾脏，只要留下的一只肾脏的功能正常，照样可以排尿和生存。

为什么受伤须防破伤风

破伤风这个病名容易被误解，像是由于伤口受风发生的疾病。其实，破伤风是一种传染病。

引起破伤风的病原是破伤风杆菌，这是一种厌氧菌，在无氧的条件下才能繁殖；在不利的环境中形成芽孢，虽不再繁殖，但多年不死亡。这种茵大多由牲畜动物的粪便中排出，污染土壤或水域形成芽孢，进而广泛地污染泥土、灰尘，地面的树枝、铁钉、瓦片，水中的苇根，家庭的剪刀、破布等等。所以，一旦受了外伤，伤口感染破伤风菌的机会很多。感染了破伤风菌的伤口，经过包扎、缝合，或伤口结痂，就造成了厌氧条件，破伤风菌得以繁殖，产生毒素，引起破伤风病。

因此，在受伤后必须预防破伤风。首先是处理伤口，挤出点血。再去就诊，用生理盐水或双氧水冲洗。随即按医嘱注射破伤风抗毒素做预防。

医学篇

为什么睡觉要用枕头

就拿1天睡8小时来计算，一个人一生中有1/3的光阴花在睡觉上。由此可见，睡觉是人们生活中的一件大事，值得注意。睡觉有“睡觉的卫生”，那就是说既要注意姿势，又要有个设备。

有些人睡觉不用枕头。有些人睡着了，头会脱离枕头。不论是本来不讲究“睡觉的设备”也好，还是没充分利用这个设备也好，醒过来时，必定头昏脑胀、眼皮重而且肿，好像没睡醒似的。仰卧的人，更会觉得头颈酸。这是什么道理呢？要知道头下不枕个枕头，头部位置低，必然影响头部血液循环，使头部血管发生充血，时间一久，就会造成头昏脑胀、眼皮肿等现象。如果，垫个枕头睡觉就不会这样。再说头垫高了，胸部也会稍微抬高些。这样，下半身的血可以回流得慢些，心脏的负担也可以减轻些。否则，血液都向上涌，心脏负担重，心跳加快，就不容易入睡。对于仰卧的人来说，睡觉用个枕头，肺部不再着着实实地贴着床，更有利于呼吸，而且，由于颈部略向前弯，颈部肌肉可以放松，醒来时还不会觉得头颈酸。

所以，睡觉应该用枕头，这个设备省不了。

为什么说少年喝茶未必是好事

有人认为少年喝茶不好，究竟好不好还要具体分析。

茶叶成分很复杂，含有多种对人体有益的物质，喝茶还有助消化、杀菌解毒的功效，从这个意义上讲，不论年老年少，喝茶都是有益的。

少年朋友发生龋齿（俗称虫牙）很多。造成龋齿的原因除不良的卫生习惯外，饮用水里缺氟（当然，氟过多也有害处）也是一个重要原因。茶叶里含氟，喝茶可给身体适当补充。

但是，少年朋友不宜喝浓茶，尤其临睡前不要喝，因为茶叶中含有使人兴奋的物质，会影响睡眠。

为什么血型和遗传有关

我国古语所说的“种瓜得瓜，种豆得豆”，讲的就是遗传现象。

但是，我们在血型的普查中往往会碰到子女的血型既可能和父母亲一样，也可能不一样，像双亲的血型如果是A型和B型，子女既有可能是A型或B型，也有可能是和父母亲完全不一样的O型，又有可能具备父母亲加在一起的AB型。那么，血型究竟和遗传有关吗?

原来，在生物的遗传上，染色体先要进行一次“减法”，然后再运算一次“加法”。

就拿血型来说吧，人类的每一种血型由两条染色体上的等位基因组成，一条来自父亲，一条来自母亲。父母亲的染色体原来是成对存在着的，但是在形成配子时，各对染色体“一分为二”，这时，每个配子只含成对染色体中的一条，通过受精过程，精子和卵子结合成受精卵，染色体又重新配对，一条来自父亲，一条来自母亲，这两条染色体就决定了子女的血型。

人的ABO血型就是由A、B及O型3个基因控制的，而每一个人的血型，只含3个基因中的2个。我们一般所说的血型指的是表现型。A、B血型的表现型还可以各分为2种遗传型，而AB、O血型则只具有一种遗传型。根据父母的血型就可以知道子女所具有的血型。所以说，这仍然是一种“种瓜得瓜”的遗传现象。

人的血型除了ABO系统之外，还有很多其他系统，如RH系统，它是由1对染色体6个遗传因子组成的；MN系统，由1对染色体控制2个遗传因子，可分为3种血型。它们都是和遗传有关的。

一个人的血型在受精卵形成之后就已经决定了，一般来说它是终生不能改变的。所以我们在检查过血型以后，就应把它牢牢记住。

ABO 型及其相应的遗传型

表现型遗传型 AAAAOBBBBOABABOOO

各种 ABO 配偶所生子女的血型

父母血型可能遗传给子女血型 O × OOO × AA，OO × BB，OO × ABA，BA × AA，OOA × BA，B，AB，OA × ABA，B，ABB × BB，OB × ABA，B，ABAB × ABA，B，AB

为什么药片要用温开水送服

生了病就要服药，看起来，这是再简单不过的事，但是，服药的方法是很有讲究的。一般来说，服药用温开水送服，然而，有些人在服药片时，自以为勇敢，本事大，将药片放入口中，靠自己口腔内的唾液直接吞咽完成。实际上，这样服药很不科学，甚至会对健康产生有害影响。

医学家告诉我们，干吞药片时，药片很容易停滞在食道中，不上不下，异常难受。而且由于大多数药片对食道黏膜均有一定的刺激性。例如强力霉素、硫酸亚铁等，会在食道中慢慢溶解，对食道黏膜造成较强烈的刺激，造成食道黏膜充血、水肿，甚至形成溃疡和出血。因此，为了充分发挥药物的功效，防止副作用，请不要干吞药片。

正确的服药片方法是：服药片要用温开水送服，并多喝一些水，这样可以使有刺激性的药物能很快进入胃里，以免在食道中停留而刺激食道黏膜。

为什么音乐也治病

欣赏美妙的音乐，能使人感到轻松愉快，对身体健康有积极的作用。

目前，音乐疗法已作为一门新兴医学学科，受到越来越多的人的关注。例如，将音乐伴奏引进人工流产术中，手术时间短，出血量少，病人情绪好；用音乐疗法治疗某些慢性精神病人，病人普遍反映，经治疗后胸襟开阔了，对战胜疾病有了信心，精神不再委靡；对献血者使用音乐，可以消除献血时的不安。为什么“乐”能治病、曲能排忧呢？原来这种神奇的治疗功效是通过物理作用和心理作用两条途径来实现的。如同一颗小石子能激起一泓湖水涟漪不断，和谐轻松的音乐传入人体后可引起心理的愉快，使组织细胞发生和谐的同步共振，起到一种微妙的细胞按摩作用。同时，它还能使颅腔、胸腔或某些组织产生共振，并会直接影响人的脑电波、心律、呼吸频率等，从而使生理节律趋于正常。所以有人说，“音乐是人类不可缺少的营养”。另一方面，音乐可提高大脑皮层神经细胞的兴奋性，活跃与改善情绪，消除外界精神心理因素所造成的紧张状态，提高机体抵抗力。

清晨起床后听听节奏明快、富于激情的音乐，会使你一天情绪饱满、心情愉快；忙完了一天工作回家后，选择旋律优美、节奏平和、悠缓的古典音乐，有利于松弛紧张的情绪，减轻疲劳。但千万不要收听那种强刺激的音乐，那是对健康有害的。

为什么有的病只会生一次

麻疹、腮腺炎等传染病，一辈子只生一次。这是因为人体有一套健全的免疫系统，对特殊的微生物（病毒、细菌等）有特殊的免疫力。所谓免疫力，就是在微生物等被叫做抗原的物质刺激下，免疫淋巴组织被激活，产生免疫物质（抗体）直接杀灭微生物。免疫记忆细胞对接触过的微生物抗原留下了记忆，下次同一抗原再次侵入时，免疫记忆细胞就会很快识别出来，并迅速产生免疫物质（抗体），杀灭微生物。

人类根据这一原理发明了各种疫苗、菌苗。就是把微生物的毒素进行灭活毒处理后，作为抗原注射到免疫力还不强的儿童身上，使其产生免疫力，以预防这些特殊传染病，达到终身免疫的目的。

为什么有些人脸上会长雀斑

雀斑是颜面部的一种黄褐色斑点，它属于色素增多性皮肤病中的常见病。

雀斑大多见于女性，随年龄增长而逐渐加多，至青春时期达到高峰，到老年又逐渐减轻。雀斑好发于面部特别是鼻梁部及眼眶下，严重者可累及颈部、手背及前臂甚至胸、背、四肢。雀斑在夏季加重，冬季减轻或消失。

雀斑是一种常见的染色体显性遗传病，换言之，雀斑具有明显的家族集聚性。大家知道，决定皮肤颜色的色素主要是黑素。而黑素产生于皮肤基底层的黑素细胞内，生成后通过黑素细胞的树枝状分支而被输入到邻近的表皮细胞中去。黑素的代谢，受交感神经、丘脑、脑垂体的支配和内分泌如性腺、肾上腺、甲状腺等的影响。由于遗传原因的影响，某些人面部的黑素细胞比较活跃，当呈点状增深时，便有雀斑的表现。另外，雀斑的发病与日晒也有关系，日晒是皮肤变黑的重要外部条件。对于有雀斑素质的人来说，日光中的紫外线可以使部分黑色细胞变得更为活跃。

雀斑一般没有任何不适，只在大量出现时有碍美观。目前医院中有一些治疗方法，可以前往就诊，切忌自行涂药。

"牙痛不是病"吗

被世界卫生组织列为第三大疾病的龋齿，其主要症状便是牙痛。初起时只是吃酸、冷、烫食物时感到疼痛，重者甚至发生局部性齿槽脓肿、面部蜂窝组织炎。

牙周炎是引起牙痛的另一类主要疾病。它是引起牙齿松动、脱落的重要疾病。

有些不属牙齿病变的疾患也有牙痛症状。如三叉神经痛常常使人感到牙痛。少数人因未能了解这种病变，企图用拔牙来消除牙痛，结果牙齿拔了不少，但牙痛依然不减。这种牙痛是因三叉神经痛放射至牙齿所致。

牙齿疾患还可以是一种病灶。不少全身性疾病如肾炎、急性心内膜炎、风湿热、风湿性关节炎等可能与此有关，有的是病菌从牙齿病灶经血流进入其他器官引起发病，有的则是变态反应的结果。

牙痛绝不是单纯由牙组织本身的病变引起的，可以累及一些重要器官，应该作为一种疾病来对待。

眼皮为什么会跳

有时候，人的眼皮会无缘无故地跳起来，这是由于眼睛周围的肌肉受到刺激而引起的。例如，看书时间太长，眼睛过度疲劳，会引起眼皮跳；失眠或睡觉的时间太少，也会引起眼皮跳；有些人喜欢抽烟、喝酒，眼睛受刺激，眼皮也会跳。其他如强烈的光线或化学药物对眼睛的刺激，眼里混进异物，一些眼病等，都会引起眼皮跳。

一般说来，眼皮跳不是什么病。遇到眼皮跳，只要闭上眼睛休息一会儿，做做眼保健操，或者用热毛巾敷一下眼睛，就会很快消失。如果眼皮跳个不停，应该请医生检查和治疗。

医 学 篇

婴儿生下来为什么马上啼哭

哭和笑同样是人类情感的流露，但两者表达的意义正好相反。笑通常是高兴的表示，哭则是悲哀的结果。不管是怎么个哭法，必须流出眼泪来才算真哭，否则就是假哭或是号叫。

婴儿刚出娘胎的哭是假哭，只能说是啼。因为，首先，只有声音没有眼泪。第二，刚生下来的小娃儿根本没什么伤心事要哭，并且他也根本不懂得哭。既然婴儿的哭不是真哭，不是伤心悲哀到极点的表现，不是感情的发泄，那他这么大声吵闹干吗?

婴儿的哭意味着他呼吸运动的建立。婴儿出生后如果不哭，别说妈妈着急，医生更急，因为，不哭表示不呼吸，表示窒息。正常胎儿（还没出世的婴儿）在母体子宫里是不呼吸的，他所需要的氧气和养料都通过脐带和胎盘直接从母亲的血液中摄取，他所不需要的二氧化碳和废料也采取同样途径由母亲代为排泄。但是，出世后的情况就不同了。婴儿既然脱离了母亲独立生活，就必须建立起自己的呼吸活动来吸入氧气和排出二氧化碳，也必须建立起自己的血液循环周流全身，更必须自己饮食以摄入营养……

空气进出肺脏是由于肺叶的伸缩，而肺叶的伸缩又是因为胸廓的扩大和缩小。当胸廓扩大时，肺叶跟着扩张，于是肺内压低于大气压，外界空气乘机而入。反之，当胸廓缩小时，肺叶也缩小，肺内压高于大气压，肺内空气被迫而出。当胎儿还在母体内时，肺内绝无空气。这时候的肺还是一团结实的组织，但已充满在胸腔中，因为这时候胸廓处于曲缩的状态中，胸腔还是很小的。婴儿出世后，由于姿势的改变，不再缩手缩脚蜷成一团，原来曲缩着的胸廓忽然伸张，胸腔立即扩大，肺叶也跟着张开，这时婴儿就吸进了第一口空气。空气从气管进入肺泡。在吸气完成后，吸气肌肉群松弛而呼气肌肉群却收缩，胸廓由扩大而恢复到原来的大小，迫使肺内的空气外出。外出的气体具有一定的压力。当它们从肺泡返入气管而经过喉头的时候，喉头肌肉收缩，喉腔内左右两根声带拉紧靠拢，冲出的气体冲击声带，声带振动就发出了类似哭的号叫。婴儿刚出世的那会儿，多半处于缺氧状态，由于血中二氧化碳量比较多，刺激和兴奋了呼吸中枢，所以都是大口大口地呼吸。因此，每个婴儿出世以后都要这么“哭”上一阵，等到呼吸活动建立了正常节律，也就不再这么“哭”了。

痣都有危险吗

痣有多种，有红痣、黑痣等。从医学上看，这些都属于良性肿瘤，由痣细胞构成。痣，人人都有，只不过有多有少，有大有小，有的有毛，有的无毛。通常，痣是不会发生或者很少发生癌变的。据统计，只有几十万甚至几百万分之一会发生。尽管癌变的机会极小，但也不能忽视。

那么，哪些痣有癌变的可能呢？长在黏膜、生殖器上的痣易发生恶变。黑痣生长突然变快，迅速变大，颜色变深发亮，周围发红发炎，表面从光滑变为粗糙，有毛的痣脱毛；痣有渗液，或出血，或发生破溃，或附近有小硬块形成，这些都是黑痣可能发生癌变的蛛丝马迹，是危险的信号。

一般的痣最好不去动它，也不要在地摊上让“专治黑痣”的巫医点“白药”。他们往往是“烧”，即腐蚀痣，很容易引起感染，影响容颜，甚至促发癌变。

第四章

修养是个人魅力的基础，其他一切吸引人的长处均来源于此。是发自内心的主动的汲取外部营养的修身养性。每个人都应该做一个富有修养的人。

如何保持快乐

常言道："笑一笑，十年少"，保持一种快乐的心态，不但有益于我们的身心健康，而且还能使生命焕发出青春的活力。要保持快乐的心情，我来教你几招：

（1）不要惧怕失败，要知道"失败乃成功之母"，从失败中吸取经验教训，成功就为期不远了，快乐也会随之而来。

（2）培养良好的兴趣和习惯，结交志趣相投的朋友，你会在与朋友的交流中得到快乐。

（3）拥有一颗宽容的心，宽容别人也就是善待自己。

（4）尽自己的所能去帮助别人，通常帮助别人的人会比受助者获得更多的快乐。

（5）坚定信念，不要轻易改变下定决心要做的事情，要坚信"笑在最后的人是笑得最好的人"。

（6）不要过分注意自己身上的缺陷和不足，突出自己的特长，从而弥补自身存在的不足。

（7）在逆境中保持良好心态，因为"冬天已经来临，春天还会远吗"。

（8）培养幽默感。如果你是一个具有幽默感的人，那么你会发现，因为你的妙语连珠，你经常被周围人欢乐的笑声包围着。

什么是健康行为

健康行为包括：

（1）个体或团体行为取向能有益于他人、自身的健康；

（2）个体行为表现的科学性和规律性，如起居规律、个体健康等；

（3）外显的表现行为和内在思维动机的协调一致；

（4）个体行为表现出容忍和适应；

（5）学习和工作上的创造力表现。

就某一个人来说，健康行为可以说是上述任何行为的表现，具体可分为外显健康行为和内在健康行为。

外显健康行为，包括饮食的定时定量、适当的体育锻炼、不吸烟、不酗酒等；内在健康行为可表现为情绪愉快、关系和谐、人格统一、适应环境、有自知之明等等。

什么是气质

现代心理学把气质理解为人所具有的典型的、稳定的心理特点。

人们在日常生活中，确实能观察到有 4 种气质类型的人：

（1）活泼、好动、敏感、反应迅速、喜欢与人交往、注意力容易转移、兴趣容易变换等等，属于多血质的气质特征。

（2）直率、热情、精力旺盛、情绪易于冲动、心境变换剧烈等等，属于胆汁质的气质特征。

（3）安静、稳重、善于忍耐等等，属于黏液质的气质特征。

（4）孤僻、行动迟缓、体验深刻、善于观察别人不易觉察到的细小事物等等，属于抑郁质的气质特征。

虽然，人的气质是比较稳定的心理特点，但在教育和生活条件的影响下也是可以改变的。

什么是性格

客观事物不断地渗透到个体的生活经历之中，影响着个体的生活活动。这些影响通过认识、情绪和意志活动，在个体中保存下来，固定下来，并表现在个体的行为之中，构成每个个体所特有的行为方式。比如，坚强、勇敢、勤劳，或怯懦、懒惰等都表现着人的个性，标志着人的个性差异。这些对现实稳固的态度，以及与之相适应的行为方式，构成人心理面貌的突出方面，这就是性格。

性格可按个体心理活动的倾向，分为：

外倾型性格，特点是心理活动倾向于外部表现，开朗、活泼、善于交际：

内倾型性格，特点是心理活动倾向于内部积存，表现沉静、反应缓慢、顺应困难。

性格作为个人的心理特性，它是稳定的，但又不是一成不变的，客观生活环境的变化是性格变化的重要因素。

为什么不要为失败找借口

人做事不可能一辈子一帆风顺，就算没有大失败，也会有小失败，而每个人面对失败的态度也都不一样，有人不把失败当一回事，因为他认为“胜败乃兵家常事”，也有人拼命为自己的失败找借口，告诉自己，也告诉别人，他的失败是“因为”别人扯后腿、家人不帮忙，或是身体不好、运气不佳，连国外的战争都可以成为失败的理由。

不把失败当一回事的人事实上不多，而这种人也不一定会成功，因为他若不能从失败中汲取教训，则有过人的意志也是没用的。但不敢面对失败，老是为失败找借口，也不能使自己获得成功。

为自己的失败找借口的人基本上不承认自己的能力有问题，固然有很多失败是来自于客观因素，不失败不行，但大部分的失败却都是自己造成的。

你的失败和你的判断能力、执行能力、管理能力等绝对有关系，因为事情是你做的，决策是你做的，失败当然也就是你造成的！

前面说过，有些失败是来自于客观因素，逃都逃不过，但你还是不要找这种借口的好，因为找借口会成为习惯，让你错过探讨真正失败的原因的机会，这对你日后的成功是毫无帮助的。

面对失败是件痛苦的事，因为这就仿佛自己拿着刀切割自己，但不这样做又要如何？人不是要追求成功的吗？因为碰到失败，要找出原因来，就好比找出身上的病因一样。

要找出失败的原因并不是很容易，因为人常会下意识地逃避，因此应双管齐下，自己检讨，也请别人检讨。自己检讨是主观的，有正确的，也有不正确的，别人检讨是客观的，当然也有正确的和不正确的，两相对照比较，差不多就可找出失败的真正原因了，这些原因一定和你的个性、智慧、能力有关。你不必辩白，应该好好看待这些分析，诚实地面对它，并自我修正。如果能这么做，那么你就不会再犯同样的错误，会成功得比较快，如果一碰上失败就找借口，那么，很可能你一辈子失败的机会会大大超过成功的机会，因为你并未从根源上解决“病因”，当然也就要时常发病了！

老是为失败找借口的人除了无助于自己的成长之外，也会造成别人对你能力的不信任，这一点也是必须注意的。

为什么常把“我为人人，人人为我”作为社会公德

“我为人人，人人为我”是表示社会人际关系的道德用语。意指我为大家做事，大家为我尽力。它是人与人之间形成的一种良好的道德关系，也是集体主义道德原则的一种表现。

列宁首先提倡这一原则，他指出：“我们要努力消灭‘人人为自己，上帝为大家’这个可诅咒的常规……我们要努力把‘人人为我，我为人人’和‘各尽所能，各取所需’的原则灌输到群众的思想中去，变成他的习惯，变成他们的生活常规。”（《列宁全集》第31卷第104页）人生活在社会中，总是离不开群众，个人应该在群体中确立自己的位置。个人的绝对独立是不可能的，因而个人的绝对权力也是不存在的。“我为人人，人人为我”把个人与群体连为一体，使人注重道德价值，注重整体利益，增进了人与人之间的相互依存关系，使人重视相互间的友谊，从整体上强化了国家和民族的凝聚力。因而尽管它一开始是作为社会主义公德提出的，但是由于其普遍的适用性，它可以为全世界各国度、各民族在协调人与人、人与社会关系方面提供启示。

修养篇

为什么常说做人要讲“气节”

气节就是人的志气和节操，一个人能够坚持正义、不畏强暴、不贪私利，人们称之为“有气节”。那么，做人为什么要讲气节，有气节的人为什么能得到人们的尊重和赞誉呢?

气节是在长期的历史发展中所形成的中华民族传统美德的一个重要方面。我们经常说的“富贵不能淫，贫贱不能移，威武不能屈”，就是中国传统的气节观。这种思想观念哺育了一代又一代的志士仁人为民族大义而杀身成仁，舍身取义。文天祥的“人生自古谁无死，留取丹心照汗青”，范仲淹的“先天下之忧而忧，后天下之乐而乐”，便是中华民族优秀儿女气节观的真实写照。正是因为有了这些讲气节的志士仁人，中华民族才能够在漫长的历史长河中多次摆脱危难，转危为安。从古代民族英雄霍去病、岳飞到近代抵御西方侵略血洒疆场的关天培、邓世昌，以及在八年抗战中英勇不屈的无数中华儿女，他们用自己的鲜血和生命将“做人讲气节”这种价值观付诸行动，正是由于有这样的一批又一批讲气节的志士仁人，中华民族才得以生存发展，屹立于世界之林。

为什么常用
“敏于事而慎于言”作为处世信条

“敏于事而慎于言”是儒家提出的一种理想道德人格。语出《论语·学而》：“子曰：‘君子食无求饱，居无求安，敏于事而慎于言，就有道而正焉，可谓好学也已。”“‘敏于事而慎于言”意即行动敏捷、果断，言语慎重、严谨。“敏于事”指行动果敢、干脆，一旦付诸实施，决不犹疑、彷徨。“慎于言”指言谈之前要三思，考虑自己言论的效果和对外部环境的影响，做到言之有物、言之成理，防止祸从口出。二者紧密相连，互相依托。既提倡谨慎，又主张果敢；既反对冒失，又反对懦弱。它告诉人们一言一行，既要谨慎思索、考虑周全，又要勇于进取、不失魄力。

“敏于事而慎于言”作为中国人的处世信条，在人们的生活中无时无刻不在发挥重要的作用。在古代中国，它塑造了一系列刚柔相济的谦谦君子形象；在现代中国，它仍有助于人们在日新月异的社会中保持融通方正的优良品格。

为什么常用“宁为玉碎，不为瓦全”来表达气节

玉和瓦是两件价值截然不同的物品，宁愿打碎玉这样有价值的物品，也不愿意保全瓦这样不值钱的东西。“宁为玉碎，不为瓦全”比喻宁愿为正义而牺牲，不愿苟且偷生、保全自己。通常指以死来对抗邪恶势力的迫害，表示一种高尚的道德品质。语出《北齐书．元景安传》：“大丈夫宁可玉碎，不能瓦全。”这句话体现着人的正义气节和道义上的坚定性以及为理想而奋斗的献身精神。它是中华民族传统美德的一个重要部分，千百年来激励着一代又一代的志士仁人为着国家民族的利益和理想而献身。

在当代社会，这种“宁为玉碎，不为瓦全”的气节仍是值得提倡的一种做人品格。在当今以发展经济为主旋律的时代，尽管没有了战争年代的悲壮，但在日常生活中，人格、气节仍是做人的重要品格。在没有硝烟的经济战场，人格、气节体现的形式、方式、内容尽管发生了变化，但实质仍然是相同的。它表现为坚持自己的信念，不为物质利益所诱惑；保守秘密和情报，不为金钱所动；讲究职业道德，不取不义之财；任何时候都以国家民族的利益为第一位。做到了这些，才是一个有气节的人。

修养篇

为什么对人要温和友善

有一则伊索寓言，讲的是太阳和风的故事：

一天，太阳和风在争论谁比较强壮，风说："当然是我，你看下面有位穿着外套的老人，我们打赌看看谁能更快使他把外套脱下来。"太阳说："没问题，你先来吧。"

于是，风便张开大口对着老人吹，希望把老人外套吹下来，可是他愈吹，老人把外套裹得愈紧。

后来，风吹累了，这时太阳说："现在该轮到我了"。于是，他便从云后面走出来，暖洋洋的照在老人身上，很快老人便开始擦汗，并把外套脱下了。太阳于是对风说道："温和友善永远比愤怒和强暴更为有力。"

这则寓言或许在人际关系方面能给我们一些启示：对待别人亲切友好、温和友善的态度往往使我们做事顺利。

一位纽约电器公司的职员，在一个冬天的晚上，看见一位衣着整洁的人，从街道中心的地下铁道钻出来，他万分惊讶，在这个寒冷的夜里，哪里来一个衣衫整洁的人从街中心又脏又臭的地下道中钻出来呢？

原来这个人不是别人，正是纽约电器公司的负责人富拉格，也就是他的顶头上司。

那么有什么要紧的事吗？有什么严重的困难困扰他呢？没有。只是因为有两个接线工人正在铁道里工作，他是特地钻进洞里去探望他们的。

后来，富拉格又担任了密歇根贝尔电话公司总经理，他被称为

“十万人的好友”。一个公司的顶头上司，以友好的方式去探望他手下的工作人员，这是他赢得雇员敬爱尊敬的关键之处。使这些普通的员工感到，他们的上司毫无架子，平等友好，这样他们就会成为公司的忠实雇员。

在公司里，作为上司要想得到属下的爱戴，启发他们的忠诚，必须对属下有足够的关心，肯定他们的成绩、才能，并使他们对自己的工作有自动自发的意识。

有位将军坐车驶过一条街道，他的一个士兵正和其女友同行，那士兵装作没看见他，故意蹲下去系鞋带。

那将军对于这个不懂礼貌的士兵，并没有把他叫过去，狠狠地训斥一番，你看他是怎么办的呢？他把车停下来，召那士兵到跟前。

“你刚才看见我了吗?”

“是的，长官。”

“但为了躲开敬礼，你故意装作系鞋带，是不是?”

那士兵勉强地点点头。

“如果我是你的话，你猜我会怎么处理?”将军问。

那士兵没有作声。

“如果我是你的话，”将军说：“我一定会对我的女友说：‘等一下，看我叫这老头子来向我敬礼!’懂了吗?”

那士兵满脸通红，赶忙行了个礼：“是的，长官!”

这位将军答了礼，驱车而行。

面对如此无礼的士兵，这位将军不是大发雷霆，大施“淫威”，甚至对那士兵进行军事处罚，而是以友善幽默的方式促其反省，我想，从这件事后，这位士兵在行礼方面会很注意了。

为什么过分傲慢是自卑心理的表现

傲慢反而是自卑心理的表现，这似乎很不合逻辑。但实际上这种情况并不罕见。有很多自卑心理很重的人，他们在千方百计地掩饰自己的自卑心理。傲慢便是他们掩饰手段中的一种。

这种用“傲慢”掩饰个人自卑的方法，就属于我们通常所说的心理防御机制的范畴。心理防御机制是人们在遇到无法正面解决的困难时，所采用的一种既能回避困难，又能避免烦恼，减轻内心的争执和不安，从而保持心理平衡的方法。最常见的心理防御机制就是所谓的“酸葡萄心理”，即把吃不到的葡萄认作是酸的，或把自己想要但又得不到的东西说成是不好的。

另一种心理防御机制称为“反向作用”，又称为“矫枉过正”。这种机制，是为了防止自己出现某种不为别人接受，自己又不喜欢的行为，从而表现出向这种行为反面走向的行为。例如，有人对某人恨之入骨，但表面上却对他非常温和，甚至过分热情，这实际上就是在无意中用反向作用去掩盖他的本意。可见如果人的某些行为过分的话，表明他在潜意识中可能有刚好相反的欲望。因此，如果一个人表现得过分傲慢，可能就是用反向作用掩盖自己内心中的自卑。

心理防御机制是人们在生活经历中学会的一种应付困难的方式。这种方式会因人而异，但根本上都是对困难的逃避。因此，如果心理防御机制应用的过分，不仅解决不了所面临的问题，反而会引起一系列的心理变态反应。例如，过分的傲慢虽然可以缓解自卑心理带来的痛苦，但同时也会影响到与别人的正常交往，从而带来新的心理障碍。

要解决心理防御机制可能带来的不良影响，首先要了解各种各样的防御机制。有很多人的防御机制是处于无意识中的，需要经过心理的治疗才能发现。了解了这些防御机制以后，如果发现它被过分应用了，就应该有意地改变一下，以求得心理的健康。

过分傲慢的人，如果发现自己的傲慢表现是由于自卑心理带来的，那么他不仅要改变反向作用，同时应不断消除自己的自卑心理。自卑心理的形成是长期的，往往与自己的过去经历有关。要消除自卑心理首先应对自己有全面的了解，认识到自己的长处和不足，并逐渐树立自信心和自尊心，消除自卑的阴影。

为什么哭也有益于健康

现在不少科学家提出了哭有益于健康的新理论。因为一个人在悲痛时流出的眼泪与伤风感冒或风沙入眼所流的眼泪，所含的化学成分是不同的。在因悲痛而流的眼泪中含有一种能缓解痛苦的物质，可减轻悲痛对健康的伤害。再说，有泪不哭出来，那么眼泪只好沿着鼻腔最后进入胃中，而眼泪中含有的有害物质有可能引起哮喘、胃溃疡、心脏病以及血液循环系统的疾病。

医学家们经过进一步的研究后指出，悲痛时流出的眼泪中蛋白质的含量高，这正是由于压抑而产生的压抑物质，哭泣恰恰把这种压抑物质从体内排出，从而使人体免受不良情绪和有害物质的损害。

为什么人们常讲“进一步万丈深渊，退一步海阔天空”

“进一步万丈深渊，退一步海阔天空”是一句民间俗语，实际上讲的是“进”与“退”的人生哲理问题。进的危险与退的安全形成明显的对比，但是常人未见得能知道这一奥秘，只有那些个人修养极高的人才能洞窥底奥。在这里我们可以假设：当两个人为了某种利益争执起来的时候，如果继续争执乃至发生暴力，势必导致不堪设想的后果，两个人都将受到损失。如果两人都能冷静处事，稍微委屈一下自己，退一步，表面上看来好像是吃亏了，而实际上都是得大于失，其道理是：退一步，避免了眼前即将发生的冲突，避免了由于冲突而带来的损失，同时，退一步将为你赢来高品德、高修养的美誉，这种美誉将会为你带来很多无形的财富。而不肯退一步的人又怎会得到这些呢？表面是占了便宜，而实际上却失去了很多。就像我们都熟悉的一则寓言一样：两只羊相逢在一座独木桥上，谁也不肯相让，最终两只羊一同掉下了万丈深渊。还有的时候，当我们在做某件事的过程中，按照正常的思路，无论如何都做不下去时，换一种思维方式或换一个角度，就会豁然开朗。其道理就如同我们在山上走路一样：往前走，路的尽头就是万丈深渊了，再往前走，结果只能是粉身碎骨，而回转身来另觅一条路，就可迂回到达目的地了。这时，你选择哪一条路呢？

这句话的哲理非常深刻，它告诉我们，无论是做什么事情，凡事都不要钻牛角尖，不要一条道跑到黑。在得与失的关系上要辩证地看。切不可因一时的冲动而做出因小失大的事来。因此，人们应在日常生活中不断地对自己进行反省，以平静的心态对待事情。在成长中的个人总会有美好的理想和对未来的追求，如果只因一时冲动，对事情处理不当，往往造成不堪设想的后果，从而“一失足成千古恨”，反过来，如果给别人留有充分的余地，退一步看问题，事情往往迎刃而解，原来的症结也就微不足道。所以在日常生活中应不强求、不冒进，平心容人，以自己的努力换得和谐的生活环境。

为什么说“金无足赤，人无完人”

“金无足赤，人无完人”是阐明道德评价方法的用语。意谓没有成色十足的金子，也没有完美无缺的人。先秦时作“甘瓜苦蒂，天下物无全美”（《埤雅》引墨子语），后来演变为“物无全美，人无完人”，又演变为“金无足赤，人无完人”。

此语劝诫人们不能用绝对化的观点看人、观事，而要用辩证的观点认识事物和评价人。在评价一个人的品质时，要看其本质与主流方面，不可求全责备。完美主义是一种最高层次的虐待，对人对己要求太过苛刻，不但无法正确认识他人、完善自己，还会对人对己造成莫大折磨，无益于社会的进步。例如，在选拔、任用人才时，就不可拘泥于选用完人，否则势必造成无人可用、社会混乱的局面。中国古代政治家早就认识到这一点，提出了“人固难全，权而用其长者”（《吕氏春秋·举难》）。当然，也不可以“金无足赤，人无完人”为借口，放松对自己的要求。每个人都应该不断完善自己，争取做“九成九的金子”。

为什么说好朋友要保持距离

人从小到大，都会交一些朋友，这些朋友有的只是普通朋友，但有的则是可称为“死党”的好朋友。

但是我们也常发现，一些“死党”到后来还是散了，有的是“缘尽情了”式的散，有的则是“不欢而散”式的散，无论怎么散，就是散了。

人能有“死党”是很不容易的，可是散了，多可惜啊！

而“死党”一散，尤其那种“不欢而散”的散，要再重新组“党”是相当不容易的，有的甚至根本无再见面的可能。

人一辈子都在不断交新的朋友，但新的朋友未必比老的朋友好，失去友情更是人生的一种损失，因此强调：

——好朋友要“保持距离”！

这话是有些矛盾，好朋友才应该常聚首呀！保持距离不就疏远了？

问题就在“常聚首”！很多“死党”就是因为一天到晚在一起，所以才散了。为什么呢？

人之所以会有“一见如故”、“相见恨晚”的感觉，之所以会有“死党”的产生，是因为彼此的气质互相吸引，一下子就越过鸿沟而成为好朋友，这个现象无论是异性或同性都是一样。但再怎么相互吸引，双方还是有些差异的，因为彼此来自不同的环境，受不同的教育，因此人生观、价值观再怎么接近，也不可能完全相同。当两人的蜜月期一过，便无可避免地要碰触彼此的差异，于是从尊重对方，开始变成容忍对方，到最后成为要求对方！当要求不能如愿，便开始背后的挑剔、批评，然后结束友谊。

很奇妙的是，好朋友的感情和夫妻的感情很类似，一件小事也有可能造成感情的破裂。

所以，如果有了“好朋友”，与其太接近而彼此伤害，不如“保持距离”，以免碰撞！

人说夫妻要“相敬如宾”，如此自然可以琴瑟和谐，但因为夫妻太过接近，要彼此相敬如宾实在很不容易。其实朋友之间也要“相敬如宾”，而要“相敬如宾”，“保持距离”便是最好的方法。

何谓“保持距离”?

简单的说，就是不要太过亲密，一天到晚在一起，也就是说，心灵是贴近的，但身体是保持距离的。

能“保持距离”就会产生“礼”，尊重对方，这礼便是防止对方碰撞而产生伤害的“海绵”。

有时过于保持距离也会使双方疏远，尤其是市场经济社会，大家都忙，很容易就忘了对方，因此对好朋友也要打打电话，了解对方的近况：偶而碰面吃吃饭，聊一聊，否则就会从“好朋友”变成“朋友”，最后变成“只是认识”了！

也许你会说，“好朋友”就应该彼此无私呀！

你能这样想很好，表示你是个可以肝胆相照的朋友，但问题是，人的心是很复杂的，你能这么想，你的“好朋友”可不一定这么想；到最后，不是你不要你的朋友，而是你的朋友不要你！更何况，你也不一定真的了解你自己，你心理、情绪上的变化，有时你也不能掌握哩！

所以。为了友谊、为了人生不要那么寂寞孤单，好朋友应保持距离！

为什么说举止显性格

俗话说：人生百态。日常生活中人们有各种各样的举止，经过心理学家长期的观察研究，对几类人的举止进行了分析，发现许多人的动作举止和其性格有很大关系。

例如：有的人喜欢做一些粗犷的动作，比如搂人肩膀、抱举作礼等等。这种类型的人性格比较热情，单纯的语言尚不能表达出他的全部意思，所以常常用动作来做辅助表达，可一般动作又不足以让他完全发挥，因此常采用一些大幅度的动作。

有的人在和别人交谈时，喜欢凝视对方的眼神，这类人通常具有坚定的信念，当下定决心做一件事时一般不会改变自己的决定。另外一部分人凝视对方的眼神时，只是想了解其内心的变化。这种人善于察言观色。

有的人在和别人交谈或听别人讲话时，经常点头，这类人的性格属于乐于助人型，他们一般比较关心体贴别人，同时也乐意帮助他人。

有一些人习惯将手插在口袋里，这种人通常比较善于自我保护。

在与人交谈时，目光涣散，心不在焉，这就属于精神不振的人，这种人表现为精力不集中，办事拖拖拉拉，责任心不强。

有的人在和别人谈话时习惯东拉西扯，还经常打断别人的主题，这种人性格急躁，遇事欠稳妥，做起事来虎头蛇尾。

为什么说毛遂自荐好处多

“毛遂自荐”是一句很通俗的成语，如果你能体会它的奥妙，并且认真地去实践，则这句话必会为你带来意想不到的好处。

找工作时与其坐等伯乐，不如毛遂自荐！

有了工作，也不可就此满足，应该发挥毛遂自荐的精神，推荐你自己去做某件工作或担任某项职务！不过热门的职务和工作争逐者众，这种毛遂自荐的效果不会太大（但总比闷声不响好）。有一种状况我特别建议你毛遂自荐，那就是——困难的工作！

如果你有能力，可自告奋勇去挑战人人避之唯恐不及的工作，因为别人不愿意做，你的毛遂自荐正可凸显你的存在，如果一战成功，你当然是唯一的英雄！如果失败，也学到了宝贵的经验，而且也不会有人怪你，因为本来就没有人愿意做那件事嘛！此外，你的毛遂自荐，也替你的上司解决了难题，他对你的感激当然不在话下！而最重要的是，这个过程将成为你日后面对更艰难工作勇气的来源，而你的作为也将成为人们给你最高评价的依据，光是这一点，就可让你在日后“享用不尽”！

如果你的毛遂自荐没有如愿，千万别灰心沮丧，因为你的勇气已在别人心中留下深刻的印象，而且一次的失败正是下次成功的本钱！不过“毛遂自荐”时要注意几点：

——不要吹嘘自己的能力，有几分能力就说几分话，太过吹嘘，别人会认为是“吹牛皮”，反给人不实在的印象。

——强调自己的能力时，最好有具体的资料，让资料说话胜过你说得口干舌燥！

——如果你没有资料来说明你自己的能力，那么诚恳实在就可以了。

亲爱的朋友，你还等待什么呢?

为什么要把反省自己当成每日的功课

所谓“反省”就是反过身来省察自己，检讨自己的言行，看有没有要改进的地方。

为什么要反省？因为人不是完美的，总有个性上的缺陷、智慧上的不足，而年轻人更缺乏社会经历，因此常会说错话、做错事、得罪人；你所做的一切，有时候旁人会提醒你，但绝大部分人是看到你做错事、说错话、得罪人也故意不说，因此人必须通过反省的方法去了解自己的所作所为。

曾子是“一日三省吾身”，一天反省三次，这样的次数会不会太密因人而异，如果你觉得一天三次“找不到时间”，那么一天一次，二天一次也可以，反正要记得反省就对了。

反省些什么呢？

——人际关系。反省今天你有没有做了不利于人际关系的事？与某人的争论我是否也有不对的地方？对某人说的那一句话是否不得体？某人对我不友善是否有什么意义？

——做事的方法。反省今天所做的事，处置是否恰当，是否有不适当之处，怎样做才会更好……

——生命的进程。反省到目前为止我做了些什么事，有无进步？时间有无浪费？目标完成了多少？

反省的好处在于：

——可以修正自己的行为和方向。

——借修正行为使自己进步。

那么，不反省的人又如何呢？

不反省的人也不一定会失败，因为一个人的成败和个人先天条件、后天训练以及机运有关系，天底下就有从不反省自己，但却飞黄腾达的人。但话说回来，你怎么知道他不自我反省？据我所知，很多“伟人”级的政治家、军事家都有反省的习惯，因为也唯有反省，才不会迷失，才不会做错事！你我都是凡夫，智慧本就不如“伟人”，因此反省也就格外重要，如果可以，更应该把“反省”当成每日的功课。

那么，怎么反省呢？

事实上，反省无时无地不可为之，也不必拘泥于任何形式，不过，人在事务纷杂的时候很难反省，因为情绪会影响反省的质量。你可在深夜自处的时候反省，也可在林中、海滨，甚至咖啡屋，自己独处的时候反省，也就是在心境平静的时候反省——湖面平静才能映出你的倒影，心境平静才能映现你今天所做的一切！

至于反省的方法，有人写日记，有人则静坐冥想，只在脑海里把过去的事拿出来检视一遍。

你有反省的习惯吗？趁早培养吧，它能修正你做人处世的方法，让你有更明确的方向……而且，它不花你一分钱！

为什么要把敬业变成习惯

所谓“敬业”就是敬重你的工作！在心理上则有两个层次，低一点的层次是“拿人钱财，与人消灾”，也就是敬业是为了对雇主有个交待；高一点的层次是把工作当成自己的事，甚至融合了使命感和道德感。而不管是哪个层次，“敬业”所表现出来的就是认真负责，认真做事，一丝不苟，并且有始有终！

大部分的人初进社会，做事都是为雇主而做，不过我认为这并无太大关系，你出钱我出力，本该如此；但也有一些人认为能混就混，反正老板倒了又不用我赔，甚至还扯老板后腿！事实上这对你自己并没有什么好处。实际上，“敬业”看起来是为了老板，其实是为了自己，因为敬业的人能从工作中学得比别人多的经验，而这些经验便是你向上发展的踏脚石，就算你以后从事不同的行业，你的工作方法也必会为你带来助力！因此，把敬业变成习惯的人，从事任何行业都容易成功。

有人天生有敬业精神，任何工作一接上手就废寝忘食，但有些人的敬业精神则需要培养和锻炼，而我要告诉你的是：如果你自己认为敬业精神不够，那么就应趁年轻的时候强迫自己敬业——以认真负责的态度做任何事！经过一段时间后，敬业就会变成你的习惯！

把敬业变成习惯之后，或许不能为你立即带来可观的好处，但可以肯定的是，把“不敬业”变成习惯的人，他的成就相当有限，因为他的散漫、马虎、不负责任的做事态度已深入他的意识与潜意识，做任何事都会有“随便做一做”的直接反应，结果不问也就可知了；如果到了中年还是如此，很容易就此蹉跎一生！

所以，“敬业”短期来看是为了雇主，长期来看是为了你自己呀！

此外。敬业的人还有其他好处：

——容易受人尊重，就算工作成效不怎么辉煌，但别人也不会去挑你的毛病，甚至还会受到你的影响哩！

——容易受到提拔，老板或主管都喜欢敬业的人，因为这样他们可以减轻工作的压力，你敬业，他们求之不得哩！

现在的工作机会比以前多，因此常有企业招募不到员工的情形，你千万不要以为到处都有“爷去处”而对目前的工作漫不经心，也不要因为不怎么喜欢目前的工作而一日混一日，你应该趁此机会，磨练、培养你的敬业精神，这是你的资产呀！

为什么要接受不同的意见

我们生在这世间，每个人都是独一无二的，因此我们看待人生的态度，多多少少有所不同。我们有我们自己行事的准则，面对事情时，我们也会有自己的诠释方式。因为我们的教养背景都不同。我们思考的方式也不同。我们用自己独到的方法来解决问题，对于事情的演进发生也自有观察。就因为我们每个人都有强烈的主观意识，因此我们总是猜不透别人所作所为的道理及原因。通常我们会将焦点集中在我们被证明是对的事件上，换句话说，由我们个人的角度来看，我们眼中的世界总是充满了正义、公理与逻辑。

问题是每个人都是在这样的假设下思考的。

我们的配偶、孩子、父母、朋友、邻居，几乎所有的人都是这样的心态。他们设想他们眼中的世界才是完全正确的。他们可能会想为什么你所想的事情和他们完全不同，如果你肯照他们的想法来做，那就天下太平了！

了解这个事实之后，你就会明白为什么人们经常会为了一些小事争执不已，为什么当别人提出不同见解，说明不同观点，或是指出我们的错误时，我们会觉得很无聊、毫无兴趣聆听下去？我相信答案很简单：我们忘了我们都生活在各自的实体当中。我们所反映或诠释出来的见解都是出自我们个人独特的知觉。我的童年与我一生的经历（以后也是如此）都与你不同，所以我在看待人生的态度上就会与你不同。对我而言意义重大的事，对你而言却可能只是鸡毛蒜皮。

要能做到接近完美或心平气和，关键在认同每个人都是独一无二的。与其被这个人生的事实吓住，不如心平气和地接受、包容它。与其为了自己所爱的人与你有分歧而生闷气，不如自我宽恕地想："当然他的观点不一定和我的一样。"与其为了别人的作风与你大异其趣，不如为了看到有人和你作风一样而开心不已呢！

你可能"同意别人的不同意见"，但这并不表示你是错的，或你的观点比较没有价值，而是当别人想法与你不同时，你学会了不要太过沮丧不安而已。在大多数时候，你可以坚持己见，为自己的理想奋斗，但是别忘了，别人也有同样的权利为维护他们的想法而努力。当你这么做时，你的压力会减轻许多，你与人之间也比较容易达成共识。当你的对手发现你是真心尊敬他时，他对你的反感也会减少很多。当你试着用平常心面对不同的观点时，慢慢地你也会对别人的观点发生兴趣，甚至你会觉得很有趣。你会激发别人的潜力，别人也会激发你的潜力，这就是双赢的策略。

一些人用这种方法挽救了婚姻、友谊或家庭关系。这是个非常简单的方法，却能使你的生活乐趣无穷。从今天开始，看看你能不能同意别人不同的意见。结果一定会让你受益匪浅的。

为什么要选择朋友

自古就有“物以类聚，人以群分”的说法。所谓“同类相聚”就是指有相同性格、气质、志同道合的人们聚集在一起，彼此互相影响、互相慰藉。内心充实的人喜欢和充满活力的人打交道；烦恼的人会不知不觉地与有同感的人们聚在一起。这就叫“同气相求”，或称“同病相怜”。生活积极的人自然爱找有进取心的人，热衷于政治的人专爱和喜欢夸夸其谈的政治家在一起，懒人找懒人，赌徒找赌徒，艺术家则愿意和理解艺术的人来往。诸如此类，不胜枚举。

我们的生活也许有意无意地遵循着这一交友之道。古时候就有这样一种说法：要想了解一个人就先看看他的朋友，见到了他的朋友就可知其十之八九了。即使你对自己说“我已经很成熟了，决不会轻举妄动”。但“近朱者赤，近墨者黑”，迟早你将从思想到行动都被周围的环境所同化。

你若真心希望实现自己的目标，就必须从选择你周围的朋友做起。如果你交的都是些碌碌无为之辈，大概你每天也会沉醉于酗酒、打麻将的享乐生活之中。谁也不愿意交整天只会发牢骚的朋友，因为牢骚根本解决不了问题。长此以往你会误入歧途，人生也会由此消沉下去。

如果你想成为人生舞台的强者，那就必须与成功者交往。想在法律考试中取得好成绩，那就应该和已经成为律师的前辈或者和想成为律师的同志交往。在与他们的相互切磋中，你会不知不觉地受益，而这会帮你早日实现愿望。你若想单枪匹马地获得成功，则你一定要有坚韧不拔的顽强意志和耐力。否则，当你拼搏而受挫时，周围的小人会拉你下水，使你滑向懒惰和享受的深渊之中。

对于你的一生来说，交几个杰出而优秀的朋友会比任何财富都宝贵。

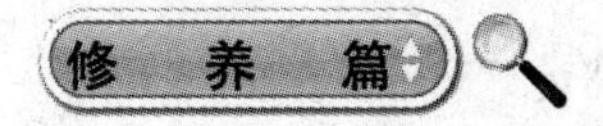

为什么要学会适度压抑

我们每一个人都不愿意经历挫折和痛苦，但往往事与愿违，人们总是碰到各种挫折和痛苦。有些挫折可以通过各种其他努力得到补偿，有些挫折却不能得到补偿。尤其是有些挫折是人为的因素造成的，更会产生强烈的愤怒情绪。例如由于误会遭到他人无端的辱骂、殴打或其他各种形式的侮辱，既不能报复，也无法补偿。而这种遭挫折的情绪常常严重干扰人们正常的心理生活。

怎样解决这些遭挫折而产生的情绪呢？只有尽快把这些挫折与痛苦排除出记忆予以遗忘，才能达到心理的平衡。这种情况在心理学上叫做压抑。挫折被暂时遗忘，便暂时达到心理平衡；挫折被永远遗忘，因这种挫折而产生的情绪便消失。在发生重大挫折时，人们往往力图变换环境，离开或改变产生挫折的情景，有利于遗忘所受挫折，或者随着时间的推移，因受挫折而产生的情绪就会逐渐减弱以至消失。

引起挫折的原因有两类：一类是上面所提到的所受挫折的体验；还有一类是为社会所不容的种种欲望。事实上在社会生活中每个人都在不断地压抑自己非分的欲求，因为只有这样才能适应社会生活的要求。

在心理活动中压抑起什么作用呢？把挫折和痛苦压抑起来，竭力排除在记忆之外，以免回忆这些挫折和痛苦，避免因回忆而再度产生这些不愉快的体验。不愉快的体验在心理学中称为否定的情绪。否定情绪不利身心健康。各种不合社会行为规范要求的欲望要想实现，必然要受到社会道德的约束和法律的制裁，把这些不合理的欲望压抑起来，也就从根本上防止了挫折的产生，维护了心理的健康。

当然压抑不是消失的，只是在意识的管制下，暂时潜伏着，如有机会还会冒出来。例如有些小偷一再表示痛改前非，平时也没有偷窃的念头，可是一看见别人的钱包，又有可能进行偷窃时，便不由得想拿过来。有时偷窃的欲望在睡梦中得以满足。类似这样的欲望单靠压抑还不能解决问题，还要靠思想上对这种不合理的欲望有彻底的认识。

从心理卫生的角度分析，压抑是必要的，一定的压抑可免受各种挫折和痛苦，维护心理的健康。但压抑总有一个限度，超过了一定的限度就会引起各种心理的疾病。因此对于无法压抑的情绪要以符合社会行为规范的适当方式宣泄出来，使之不至于造成心理的疾病。例如财物的欲望以辛勤劳动来积攒；无端的受辱去法庭起诉，使犯罪者受法律的制裁等。用合乎社会行为规范的方式来宣泄压抑的情绪，可以达到心理的平衡。

为什么要有值得骄傲的特长

每个人都应有值得夸耀的东西。无论是学习成绩突出，还是工作成果优异，都可引以自慰。就是个人的兴趣、爱好，或体育运动也值得一提。那些无一技之长的人是很可悲的。他们心里充满了自卑感。特长可以产生自尊，它使人逐渐证明自己的存在价值，而且可以在他人面前问心无愧地生活。

一无所长的人只好借助于别人来证明自己的存在，也就是所谓“狐假虎威”。例如说什么“我的一个中学同学最近在新闻中很出名，前两天还上了电视”，还有“我叔叔的一个朋友是个大学教授”。尽管他们想通过这种手段来表现自己，但结果适得其反，只能使自己显得更加渺小。

与其挖空心思地寻找自己存在的依据，不如抓紧时间力图在某一方面超过他人。“我的一个朋友算得上一个滑雪运动员”；“你要跟他说赛马，他能和你聊好几小时”；“这小子最讨女孩欢心”；“那人是麻坛高手”，等等。以上这些项目中只要你有一项压众，那就如同拿到了一个身份证。尽管你的工作和学习成绩不尽如人意，但也可以使你的生活感到充实。

为什么要重视心理健康

世界卫生组织把健康定义为“不但没有身体的缺陷和疾病，还要有完整的生理、心理状态和社会适应能力”。要保持身体的健康，必须注意生理的卫生，对此人们已有足够的认识。要保持心理的健康，必须注意精神的卫生，很多人对此就比较生疏了。

实在说，心理的健康比生理的健康更重要。心理健康会影响生理健康，许多生理的疾病是由心理的因素引起的。如原发性高血压、偏头疼、心绞痛、胃溃疡、哮喘、类风湿性关节炎等。人的心理失常，还会导致社会生活适应能力的降低，给个人、家庭带来苦恼，给社会也带来危害。

维护心理健康，注意心理卫生，不仅是个人的事情，而且关系到每个家庭，影响到整个社会以至整个民族的健康发展。在现代社会生活中，由于人际关系的复杂，社会生活节奏的加快，精神活动的紧张，威胁心理健康的因素增多，所以心理健康的问题日益引起社会各界人士的关注。广大青少年的心理健康更要引起青少年本人、学校、家长和社会的极大关注。

什么是健康的心理呢？对于广大青少年来说，健康的心理状态表现在以下方面：

1. 正确的对待自己和别人。在家中与其他成员关系亲密，在学校与老师关系融洽，与同学团结友爱，人际关系良好。

2. 专心学习，了解生活环境，注意道德修养。保持乐观情绪，正视现实，克制自己不恰当的欲求。

3. 具有正常的智力，保持健康的体魄，培养开朗的性格，善于控制自己的情绪。能适应家庭、社会、学校环境的变化。

4. 充分认识自己的价值，在与同学、老师和其他社会成员的交往中具有自信、自尊、自爱的心理品质。

5. 热爱国家、学校、家庭、社会，热爱劳动和劳动群众，并具有为之而奉献的精神。在生活中既保持饱满的热情，也能经受挫折，要具有百折不挠的精神。

6. 每个年龄阶段都有不同的心理特点，健康的心理品质必须与年龄的心理特点相一致。

要保持心理健康，关键在于要确立正确的世界观、价值观，自觉地加强心理修养，克服不良的心理品质，以使我们的心理发展沿着正常的轨道前进。

怎样才能拥有好人缘

在日常生活中，我们经常要和不同的人打交道，在与人交往的过程中，有些人“人见人爱”，有些人则“茕茕孑立”。之所以有这么大的反差，和个人的社交艺术有很大关系。如果你能从以下几方面做起，你将会拥有良好的人际关系：

（1）待人处事彬彬有礼，和蔼可亲。不能因为自己情绪不佳而表现出不耐烦的样子。

（2）做到诚实守信。只有保持良好的信誉，才会结交长久的朋友。

（3）常常赞美别人。对于别人的长处要发自内心的赞赏，而不是阿谀奉承。增进对方对自己的好感，便于展开合作。

（4）宽以待人。在遇到利益冲突的时候，要多从对方的角度进行思考。

（5）做人正直勇敢，不要暗箭伤人。因为两面派的做法是绝大多数人所反感的。

（6）不要贪图小便宜，要小聪明。否则“捡了芝麻丢了西瓜”，最终吃亏的还是自己。

（7）在遇到矛盾时，处理要兼顾原则性和灵活性。要学会内刚外柔，使矛盾达到最小化。

（8）做人要谦虚，多听取他人意见。傲慢无礼会使自己孤立。

（9）生活中不如意事十有八九，在受到别人猜忌或非议时不要采取过激的行为，遇事先思考三秒再做。

第五章

科技就是科学技术的简称。掌握了科技发展的规律，就有助于我们更好地指导自己的生产与生活。

老年人的身高为什么比年轻时要矮一些

当你在路上看到一位老公公弯腰曲背、老态龙钟地在走着的时候，你一定很热情地上前搀扶着他，而他往往也会叹息着讲，他年轻的时候也是和你一样的昂首挺胸、雄赳赳气昂昂。

是呀！为什么上了年纪的老人总比他年轻时要矮一些呢？

人体是由骨头来支撑着的，而这些骨头又依靠筋和肉连接在一起。从我们生下来以后，骨头在不停地生长，到一定年龄，一般在25岁左右，就不再长高了。在人体中除了一般的骨头外还有软骨。在我们身体背部的中央有一根像大梁一样的脊柱，上下连接着手、脚和头，这根脊柱几乎占了人体身长的一半，所以脊柱的长短就会影响高矮。脊柱是由26块圆柱状的脊椎骨组成的，在每块脊椎骨间有一块纤维软骨盘，中间有一种胶冻状的髓核，髓核在婴儿时期含水分90%，随着年龄增长，水分越来越少，而到老年，水分就更少了。髓核还会发生退化变窄，体积就变小了。而所有椎间盘占脊柱全长四分之一，所以软骨盘和髓核的退化就会使脊柱变短，人也显得矮了。另外，老年人的肌肉因为不常锻炼而发生萎缩，肌肉力量变小，使脊柱变得弯曲，人就显得更矮了。可是，平时坚持锻炼的老年人会肌肉坚强，精神饱满，昂首挺胸的，那么，比他年轻时就不会矮得太多了。

科 技 篇

伤口处的血为什么会很快凝固

皮肤擦破或割破小血管时会出血，可过一会儿血就会自己堵住伤口，迅速止血并形成血痂。这对人体自身是一种保护，否则有了破伤，血流不止，就会危及生命。

血液里有一类血细胞叫血小板，比红细胞形体还小。人体一旦受伤流血，血小板就聚集在伤口处，堵塞伤口。同时，会有一部分血小板破裂，释放出一种“凝血酶元”，使血浆中的纤维蛋白原转化为纤维蛋白，细丝状的纤维蛋白像乱麻一样交错成网，当血流过的时候，血里的红细胞、白细胞就被它挡住，结成一块。把伤口堵住，止住血并形成血痂。正常人每立方毫米血液中有血小板10—30万个。如果血小板数量少，伤口的血液不易凝固。

那么为什么在血管中的血液不会发生凝固现象呢？这是由于正常人的心脏和血管内膜光滑，不致发生血小板破裂；血液自身含有抗凝物质，抑制纤维蛋白原转变为纤维蛋白。另外血浆中含有使已形成纤维蛋白溶解的物质，可以随时将血管内已形成的纤维蛋白溶解。

如果不是毛细血管或微小血管破裂，而是较大血管破裂，光靠血本身的凝结堵塞伤口来止住是比较困难的。因为伤口血流量大且速度快，纤维蛋白织成网很快被血冲垮，血就凝结不起来。在这种情况下，如果是动脉出血，应在伤口上方包扎，若是静脉出血，应在伤口下方包扎。暂时止血后，立即送往医院抢救。

什么时候是记忆的最佳时间

常言道，“一日之计在于晨”，早晨是读书的最佳时间，早上读书给人们的印象最深，也记得最牢。大家应该利用好早晨这一段宝贵的时间。

有关专家指出：人在一天当中做各种活动，在大量活动之后会引起人的中枢神经系统尤其是大脑皮质的保护性抑制的过程，逐渐产生疲劳感。过度疲劳容易引发注意力分散、记忆力减退、思维混乱等状况。这时读书，不会留下太多的印象，读书的效果很差。

在经过睡眠或适度休息之后，消除了大脑的疲劳，精神和体力都得到了很快的恢复，这时注意力比较集中，记忆力和思维能力也非常好，读书效果自然就提高了不少。经过一宿的休息，早晨起床洗漱后，空气新鲜湿润，人的精力正是最充沛、最旺盛的时候，这诸多因素都有利于中枢神经系统的活动，因而是读书的最佳时间。

虽然早晨是读书的最佳时间，但是如果能将时间合理安排，做到劳逸结合，傍晚或晚上读书同样具有良好的效果。

什么是核磁共振

核磁共振是20世纪80年代出现的一种新的诊断影像技术。

这里说的“核”是指原子核的核。

目前我们检查的是人体里氢核。“磁”指的是一种大的磁场。简单地说，就是把人放到一个大的磁场里边，收集磁场里边人体的氢核发出的核磁信号。

然后把信号换成数字，再转换成图像，供医务人员做诊断分析。人体当中含有大量的水分，水是由氢和氧组成的，有丰富的氢核，因此，可以对全身各个部位扫描。

核磁共振主要对中枢神经系统，比如说脑子里的病和脊髓里的病进行检查。比如脑子里长瘤子，发生脑出血、脑梗塞、脊髓病变等等，都可以用这种仪器来检查。

核磁共振对心脏病也可以观察。过去观察心脏，要插一个管子到心脏或是大的血管里面去，还要打上一些造影剂，由于有一定的危险，病人担心心脏受损，所以许多病人不大容易接受，而用核磁共振，不需要插管、打造影剂，就能直接把心脏先天或后天的病检查出来。

对于实质性脏器（指没有空腔的脏器）进行扫描，也可以清楚地观察出它们的病变来。

倘若关节等部位有病，也能用核磁共振技术来检查。用X射线检查只能观察到骨头的病变，对关节腔韧带、软骨盘等部位的病变就观察不到，用核磁共振就可以观察得比较清楚。

这项技术的一个特点就是信号清晰、灵敏度比较高，因此比较小的病变也能检测出来。这样可以早治疗，能保证愈后良好。

另外，也可利用核磁共振现象对癌症作早期诊断。至于彻底杀灭癌细胞还正在临床试验阶段，如果获得成功将是癌症治疗方面的一项重大贡献。

为什么100℃的水不沸腾

炉子上放一口烧水的锅，盛一些水，再用小奶锅盛一点水，让它漂在大锅里。从锅底给锅加热，大锅里的水沸腾了，小奶锅里的水却不沸腾。做实验的时候，注意使小奶锅一直停在大锅中心，延长加热的时间，奶锅里的水也不沸腾。

这是为什么?

沸腾是液体的一种汽化现象。液体汽化的时候，都要吸收热量。

大锅放在炉火上，炉火的温度比100℃高得多，锅内的水升高到100℃以后，炉火仍不断把热传导给水，使大锅里的水不断汽化，不断沸腾。

奶锅放在水中，只能从水中得到热。大锅里的水温度升高，奶锅里的水温度也跟着升高，大锅的水达到100℃，奶锅里的水也达到了100℃。可是，大锅里的水沸腾以后，温度不再升高，始终停留在100℃。我们知道，两个物体的温度相同，它们之间是不会发生热传递的。现在，奶锅里的水和大锅里的水都达到100℃，奶锅里的水不能再从大锅里的水吸收热量，就不会沸腾。

如果奶锅底与大锅底接触，由于炉火的温度比100℃高，因此奶锅里的水可以通过金属从炉火吸收热量，奶锅里的水就会沸腾起来。

为什么白炽灯的灯丝会断

小利家从商店又买了个新灯泡，安到了客厅里。小利还是不明白，为什么好端端的一个灯泡，灯丝会断。他要刨根问底，于是又进一步向爷爷提出了这个问题。爷爷说：“白炽灯灯泡里有很细很细、像头发那么细的钨丝，当灯泡受到强烈的震动或冲击时，里面的钨丝就可能被震断。另外，如果灯泡里有了一点点空气进去，在通电时，钨丝就会与空气中的氧气发生反应而烧断。还有，有的灯泡使用时间长了，钨丝在高温下，表面的那一层成为蒸气而挥发掉，这样一层一层挥发掉，那钨丝就会变得更细更细，也就更容易断裂了。所以，我们平时在换灯泡时，最重要的是看那很细很细的钨丝是否已经断了。”

为什么常吃蜂蜜能延年益寿

被称为“百花之精”的蜂蜜，是一种很复杂的糖类混合物，营养丰富的天然滋补食品。它含有65%—80%的葡萄糖和果糖，蔗糖的含量很少。前两种糖发热量高，并且可以不经消化作用而直接被人体吸收利用。此外，蜂蜜还含有与人体血清浓度相近的多种无机盐，以及多种氨基酸、有机酸、酶类及维生素等物质。这些丰富的营养成分，对人体的新陈代谢、生长发育和健康长寿有着重要作用。人们看到，常食蜂蜜的儿童，其体重增长较快，血色素较高，抵抗疾病的能力较强。有人曾调查130位百岁老人的生活情况，发现80%的老人都生活在养蜂的地方，并经常食用蜂蜜。

众所周知，工蜂的咽腺分泌物——蜂乳（蜂王浆），更是益寿珍品。它含有70多种营养成分，其营养价值比蜂蜜要高得多，并且具有抗癌和抗衰老作用。

蜂蜜还是用之有效的良药。我国医学名著《神农本草经》精辟地论述了蜂蜜的医疗性能。李时珍的《本草纲目》对此又作了归纳：“其入药之功有五：清热也，补中也，解毒也，润燥也，止痛也。”现代医学证明，蜂蜜对于高血压、心脏病、肺病、肝脏病、便秘、胃病、贫血及神经系统疾病等，都有一定的医疗作用。

自古以来，人类对蜂蜜的上述功效即已有了认识。我国殷商甲骨文中，已有“蜜”字；屈原的《楚辞·招魂》，也有“瑶浆蜜蜜”的记载。在国外，印度佛教经典《吠陀经》认为常食蜂蜜可以延年益寿，印度人把它当作“使人愉快和保持青春”的良药。苏联人称蜂蜜是“大自然赋予人类的最珍贵礼品”。

为什么电视机会放臭味

很多人都喜欢看电视，有时你会发现电视机荧光屏上图像没有了，出现许多花点或条纹，同时发出吱吱的声音，但是靠近电视机还能闻到一股腥臭的气味。

这股有腥臭味的气体叫臭氧。

臭氧在自然界里就可以找到。稍学过些地理知识的人都知道，距地球表面20到25公里的高空叫臭氧层，它是由于阳光照射到氧气，使氧气转变而生成的。那么，电视机里的臭氧是怎样产生的呢？电视机的心脏——显像管在很高的电压下才能正常工作，由于其他方面的原因出现暂时故障时，电视机会向周围的空间放电，使空气中的少量氧气转变为臭氧，于是，电视机就散发出臭味。

从臭氧的性质和作用看，它对人有利也有害。

太阳光中有大量的紫外线，要是让阳光中的紫外线不受阻挡地照到地球上，包括人在内的各种生物的细胞都会被破坏，无法生存下去。地球上的生物既能从阳光里得到能量，又能免遭紫外线的伤害，功劳应归于臭氧。臭氧是大气中唯一能大量吸收紫外线的气体，经它的过滤吸收，照射到地面上的紫外线就没有什么危害了。

臭氧在日常生活中也有不少用处，它能漂白一些物品，还能杀灭空气中的病菌等。

空气中臭氧浓度较大时，对人体和植物都构成危害，人会出现头晕、疲乏、思维不易集中等症状，浓度更大时，会影响人体健康。

电视机出现暂时故障时，放出的臭氧浓度都较大，为了保证人体健康，应立即关机。

为什么电影院的窗帘多用黑布和红布

小利所在的幼儿园的老师们带小朋友去看电影，在电影准备开演之前，工作人员把所有窗户的窗帘都拉了起来。小朋友们看到这些窗帘都是用黑布、红布做成的，觉得奇怪，就纷纷向老师提出问题：为什么电影院的窗帘都要用黑布红布呢？

电影演完之后，老师请电影院的负责人给小朋友讲了讲。这位叔叔说："人们到影院看电影，都会有一个共同感觉，那就是电影院里越黑，放映电影的效果越好，为了不让外面的光线进入电影院，保证电影放映效果，电影院才采用了用黑布做窗帘的办法来遮光。"

一位小朋友接着问道："别的颜色的布不行吗？为什么偏要用黑布、红布呢？"

叔叔继续解释道："我们知道，阳光是由 7 种颜色的光组成的。黑色的东西可以吸收各种颜色的光，用黑布做窗帘，光线差不多就都被吸收了。红色的东西能吸收红颜色以外的光线，而只反射红色的光，用红布做窗帘，屋里就会有红颜色的光。

"现在我们用一层黑布和一层红布做成双层窗帘，把黑色的布向着窗外。这时，就只有微弱的光能穿过黑布射到红布上，而里面这层红布又把微弱光线中的其他颜色吸收掉，只有极微弱的红光进入室内。所以，用一层黑布、一层红布做成的窗帘遮挡光线的效果最好。小朋友们，你们刚才在这电影院里看电影，是不是觉得放映效果很好，看得很清楚？"

小朋友们高兴地回答："是啊！"

为什么服药要注意定时定量

服药的目的在于尽快消灭人体内的病毒、病菌，而定时定量则是为了更有效地做到这点。

定时定量需考虑病情、药物及病人几方面情况。如同样的病，成人与儿童就有区别，病情重的与病情轻的也有不同。对病毒、病菌而言，药少了无济于事，有时还会增加它的抗药性；药用重了，可能治了此病，但又引发别的病。一天分几次服，或者指明饭前还是饭后服，也都是为了有效治病。分几次平均服，是为了药分能在一个时间段内浓度较均匀，可使病毒、病菌反复地受到药物的攻击。而且又不影响身体健康。有些药需饭前空肚服，如有关胃病的药，可保护胃壁，要是在饭后服，那就没什么药效了。但助消化的药，则在饭后服为宜，若空肚服也就失去了意义。

为什么会“春眠不觉晓”

春暖花开，人常感到困倦，特别爱睡，所以古人说：“春眠不觉晓”。春天是万物复苏、生机勃勃的季节，人为什么反而会困倦欲睡呢？

原来，人体的血液循环有一定的规律，每个脏器的血液供应量也相对稳定。一个60千克体重的人，安静时脑子的血供量约为每分钟750毫升；皮肤血供量约为450毫升。如果脑子的血供量不足，人就容易困倦。而春天正是脑子与皮肤血供量产生变化的季节，因此带来了困倦现象。

冬天寒冷，人体本能的防御功能会使皮肤里的毛细血管收缩，节省皮肤的供血量，省下的血液便额外地供应内脏器官，脑子的血供也增加了，所以在寒冷状况下人反而不易入睡。相反。冬去春来，天气骤然转暖，皮肤里的毛细血管不再广泛收缩，反而是舒张散热，于是皮肤里的血供量增加，会夺走一部分内脏血液，脑子的供血量就减少了。但是，脑子的新陈代谢过程因天气转暖而格外旺盛，供血量减少等于减少养料与氧气对脑子的供应，于是产生了春困现象。

春困不是病，也不是缺少睡眠，一旦发生，可适当脱件衣服或用冷水毛巾洗脸，也可到室外活动一下，倦意就会消失。过段时间，人体适应春天气候后，春困现象也会自然而然销声匿迹。

为什么近亲结婚易得遗传病

文学名著《红楼梦》写了封建社会一个大家庭中宝玉和黛玉、宝钗三人的爱情悲剧，常常使人同情。但从遗传学的角度看，不论是宝钗还是黛玉都不应与宝玉结为夫妻。

这是因为。宝玉的父亲贾政和黛玉的母亲贾敏是亲兄妹，宝玉的母亲王夫人与宝钗的母亲薛姨妈是亲姐妹，因此，宝玉与宝钗是表姐弟，宝玉与黛玉是表兄妹。在血缘上，表亲属近亲，按我国婚姻法规定，近亲禁止结婚。

所谓禁止近亲结婚，就是禁止父与女、母与子、祖父母与孙子女、兄妹、姐弟、堂表兄妹以及叔侄女等建立婚姻关系，因为他们都属近亲。

近亲结婚者的后代容易发生遗传病。一般说来我们每个正常人都存在一些有害隐性基因，但以杂合体存在，所以它的有害性得不到表现。近亲结婚，隐性基因就容易以纯合形式存在于后代中，而使后代患各种各样的遗传病。常染色体隐性遗传病 50—500 人中有一个携带者，两个携带者相遇的机会是 1/250000，这种婚配，才有 1/4 可能生出遗传病患儿。如果表兄妹结婚，两个携带者相遇的机会就是 1/4000，发病率显著增高。而且越是发病率低的罕见遗传病，近亲结婚危害越大。统计调查表明，近亲结婚不仅增加后代遗传病发病率、流产率和早夭率，对子女的身体素质和智力发育也有明显的不良影响。

为什么酒不冻结

在寒冷的冬季，水在室外很快成冰，但酒却不冻结，你知道这是什么道理吗？

酒的主要成分是酒精，纯酒精凝固点约为 -117℃。各种瓶装酒含酒精的量有差别，但它们的凝固点都在 -80℃以下。在我国的气象资料中，出现的最低温度是 -58.7℃，地点是新疆的富蕴县。

气温没有达到酒的凝固点，酒当然不会冻结了。

为什么聋哑人也能打电话

一个正常人之所以能听到外界的声音，是由于通过外耳道的声波使鼓膜振动，经过位于内耳的耳小骨，传至内耳神经，使人感到有声音。聋哑人虽然不能“说”和“听”，但是能够“写”和“看”。专供聋哑人使用的“电话机”是借助于双方交换手写信的方法，达到互相“通话”的目的。

聋哑人“电话机”由发送机和接收机两部分组成，像16开纸那样大小，约2公斤重，可以随身携带，接到普通市内电话线上。打电话时，发话人先拨叫对方的电话号码，然后用铅笔在发送机的碳板上，把自己要说的话，写出来告诉对方。这时，发送机上的“字—电转换”装置将字形自己转换成相应的电信号，经过电话线传送给对方。

对方的接收机将收到的电信号，通过“电—字转换”装置。带动一根钨针，在一种特别的镀铝纸带上写画。于是就将发话人“说”的话重现出来，受话人用眼可以读出。不难看出，这种专供聋哑人使用的特种电话，发方是“以写代讲”，收方是“以看代听”，它可以使聋哑人之间或聋哑人同正常人之间互相交流思想。

国外还制造出一种“以骨传声”的电话（叫“骨传电话”），专供聋人使用。它的基本原理是：将普通受话器内的振动膜做成塑料制的突起物，电话机内设有一个将对方送来的话音电流进行放大的功率相当大的放大器，受话时使受话人身边的蹬骨振动，从而达到传声的目的。

为什么女的寿命一般比男的长

一般说来，女的寿命要比男的长。当然，男的寿命比女的长的也有，这毕竟是少数。

我们稍微留意一下周围的邻居、亲友，可以发现白发老婆婆要比白发老公公来得多。从这个现象可以看出，女的寿命要比男的长。据调查，在 90 岁以上的老人中，女的约占 70%，即 10 个老人中女的要占 7 个。

考古学家曾经对新石器时代出土的 166 具人类遗骨作过一次年龄统计，发现其中大多数（64%）只活三四十岁，五六十岁的人只占总数的 36%。从这些数字可以看出，古代人的寿命都不长，只及现代人寿命的一半左右。那时候，女的寿命比男的更短，这主要是由于古代医学落后，缺乏科学的卫生知识，疾病得不到及时的治疗，所以人的寿命都比较短；加上妇女在生育时缺乏接生的科学知识，女人经常死于怀孕或产期，因此女的寿命更短。随着人类社会的进步，男女寿命普遍得到提高，而且女的寿命一般比男的长。

一般情况下，男的从事劳动和社会工作比较繁重，强度也大，所以体力消耗要比女的大；加上男的有吸烟、酗酒等损害健康的坏习惯的也要比女的多；有些疾病，如高血压、冠心病、癌症、各种职业病等，也比女的发病率高，所以男的寿命不如女的长。另外，女的寿命长还同生理因素有关，科学家们发现，男的基础代谢要比女的高 5%—7%。有人把男女在各种情况下每分钟消耗的热量作了测量，结果得到这样的记录：

项目女性、男性：躺着 410 焦耳，498 焦耳；站立 462 焦耳，

523焦耳；走路1214焦耳，2135焦耳；滑雪4521焦耳，4144焦耳：坐看634焦耳，670焦耳；洗脸1381焦耳，2135焦耳。从上面的统计我们可以清楚地看到，男的消耗能量要比女的多。女的基础代谢水平低，可作为女的寿命长的一个生理根据。从细胞学和分子生物学角度来看，有些遗传病，如血友病等，往往是通过女的“基因携带者”遗传给男的。得了血友病，寿命就明显缩短。

由于上述各种综合原因，女的寿命一般比男的长。

为什么人不能吃得太饱

幼儿园老师给小朋友们规定了吃饭时的纪律，比如不许边吃饭边讲话；要爱惜粮食，不掉饭粒等。因此，每当开饭时，小饭厅的纪律都非常好。这时，老师就要及时提醒大家吃饭吃得不能太饱，这是为什么呢？

老师说："一个人不管胃口有多好，他的胃容量和消化能力总是有限的。如果吃得太饱，就会影响胃肠的蠕动和消化液的分泌。时间长了，容易得消化不良病。

"还有，如果吃的食物超过了身体的需要量，多余的糖会转化成脂肪，使人得肥胖病。这么一来，会加重心脏的负担。身体积存的脂肪太多，还会生成过多的胆固醇沉积在血管壁上，这样的小朋友长大以后，就可能得心血管病，影响身体健康。"

小朋友们懂得了道理，极少有人出现暴饮暴食情况，身体也都很健康。

为什么人的身高早上高晚上矮

成年人的身高应当是恒定的。但在一日之中不同时间仔细测量，你会发现早晨起床时的身高要比夜里入睡前高1.25厘米左右。这不是构成身高的脊柱骨或肢体骨长度有变动，而是脊椎骨间相连接的23个椎间盘有了变化。

椎间盘由透明软骨板、纤维环和髓核构成。特别是髓核，被嵌在相邻椎体的软骨板之间，是半透明乳白色的胶状物质，富有弹性。含水分约80%—85%。髓核有一定的渗透能力，白天工作及身体上部的体重压力，可使髓核内所含的液体经过软骨板被驱出外渗。夜里睡觉，这种压力消失，液体又由椎体松质骨经软骨板渗进髓核并使它充满。

髓核因液体的进出一胀一缩，表现在身高上，就是早晨起床时个子要比晚上睡觉前高1厘米多，不仔细测量是不会被发觉的。

为什么人的血型会变

1902年，奥地利病理学家兰德施泰纳发现第一个血型系统(ABO血型)，即A、B、AB和O四种类型。每个人的血液都只属其中的一种。随着科学的发展，迄今又发现有PH等10多种血型系统。在一情况下，ABO血型系统是人们检查血型最常用的简便而可靠的方法。

由于血型由遗传而来，在胎儿时期很早出现，因此被认为终身不变。在医学上，输血、罪犯鉴别和血缘关系的识别，都是靠血型不变的特点，才得以顺利实施的。然而新的研究发现，在某些特殊情况下，人的血型可因病而发生变异。

科学研究发现，慢性白血病病人的血型竟然无法查认。因为病人从其父母遗传基因继承来的原有血型会向其他血型转变，但随着疾病的治愈，病人又会恢复原来的血型。还有某些癌征病人的血型原来是O型血，患病中会不知不觉地变成B型或A型血。

人在生病时为什么血型会发生变异？专家们认为，血型不仅受人体遗传基因的控制，还受到人体自身某些能改变血型的潜在因素的控制。至于是何种潜在因素在什么条件下会改变血型，则还有待于科学家去探索。

科 技 篇

为什么人会失眠

失眠是神经衰弱病人的典型表现之一，主要表现为入睡困难；入睡较浅，易醒；醒后不易入睡；并伴有情绪烦躁，容易疲劳，注意力不集中等表现。

造成失眠的因素很多。如有些严重的躯体疾病（高血压，脑动脉硬化，肺结核，贫血等）都可能造成病人失眠。但在更多情况下，失眠主要是由于精神因素引起的，主要有以下三类：

（1）长期的情绪紧张和心理冲突是造成失眠的常见原因。如对批评耿耿于怀；家庭中的矛盾冲突长期得不到解决；不喜欢自己的工作但又无法解决这一矛盾等等。类似的矛盾冲突如果长期不能解决，就会形成很重的精神负担，长期处于情绪不愉快的状态，这样就容易造成失眠。

（2）工作、学习长期过度紧张是另一个常见的原因。这种过度紧张并不单纯是指脑力活动的时间过长，同时也包括工作、学习过分繁重，过分复杂和困难，以及工作时间混乱无序等。在这种情况下如果缺乏必要的休息，或伴有情绪紧张，则容易引起头痛、失眠等现象。如在高考前的紧张复习中容易产生失眠。

（3）工作生活不规律或居住环境吵闹，如果对此适应不良，也会引起失眠。如有的人新到一个陌生的环境容易失眠。

另外，科学研究发现，失眠与人的某些性格特点有关。这些性格特点包括：主观任性，急躁好强，自制力差，或胆怯、敏感、多疑，缺乏自信心等。

如果出现失眠，应及时进行治疗，既不能放任不管，也不用为此过分焦虑担心。除治疗失眠除药物以外，心理治疗往往更有效。

另外还应注意的是，有些人往往把偶尔的睡眠不好也当成是失眠，从而引起不必要的紧张。例如过度疲劳也会产生“失眠”，但经过适当休息后很快就会恢复。另外，老年人睡眠自然减少；环境变化（改变卧室、床位等）造成的境遇性失眠；时差造成的失眠等。这一类暂时性的失眠都属于正常范围内的变化，切不可滥用药物，或为此忧心忡忡，应该心平气和地慢慢适应。

鉴别真正失眠和正常睡眠变化，有一个简单的原则，即觉醒时是否精力充沛，精神集中。失眠者不仅有睡眠障碍，在觉醒时也感到疲乏，精力不集中。而偶然的睡眠变化并没有这些伴随症状。

为什么煮牛奶温度不能太高

牛奶中带有细菌，必须经过加热杀菌才可饮用，需提醒大家的是，加热时间要短，温度要低一些。

牛奶中的营养成分大多不耐热，若把牛奶完全煮开，其中不少营养成分就被破坏了。

根据测定，煮牛奶的适宜温度是75℃，保持20秒钟就能达到消毒的目的，同时营养成分损失量少。

这种用低温快速加热消毒的，是一位叫巴斯德的外国人发明的，最初是用于葡萄酒的杀菌，以后，渐渐推广到食品行业的不少部门中。人们为了纪念他，把这种方法称做“巴斯德消毒法”或“巴氏消毒法”。

一般家庭没有温度计，怎样探知加热温度呢？可以大致这样掌握：

加热到牛奶表面产生泡沫并向上涌起时，离开火稍远些，保持10～20秒就行了。

第六章

旅游是人们寻求精神上的愉快感受而进行的非定居性旅行和在游览过程中所发生的一切关系和现象的总和，旅游是一种生活方式，旅游是人类心灵的畅游。

为什么不能在文物上刻写“到此一游”等字样

青年工人赵磊，从小喜爱旅游。高考落第后，他进了一家效益不错的企业。这回，他利用星期天，约上几位志趣相投的同事，兴高采烈地乘上火车，来到了苏州。

人们常说，江南园林甲天下，姑苏园林甲江南。的确，西园的湖心亭，留园的名石，姿态各异，令人流连忘返。以往都是在文章里看到的介绍，或在照片上一睹风采，现在身临其境，赵磊心里真有点美滋滋的。他还买了一枚印有“苏州一游”的纪念章，佩在胸前，好不高兴。欣喜之余，赵磊看到园中一棵竹子上刻着：“某某到此一游”的字迹，不由得萌发了刻一个“赵磊到此一游”的念头。他想，这样一来可作永恒纪念，二来正可以发挥一下自己玩刀弄凿的技术。于是，赵磊忙在包中找出小刀，走进一个亭子，对着亭子的圆柱洒脱地刻了起来。没等“到此一游”的四字刻完，只听远处传来一声呵斥：“小伙子，你在干什么?!”赵磊回头一看，一位戴着红袖章的老伯伯已站在他的面前。只见对方一副严肃的神态道：“我是园林管理员，你跟我走一趟。”赵磊感到很奇怪，不解地问：“怎么了？跟你走是怎么回事?”

不一会，赵磊被带到园林管理办公室。

“你违反了《文物保护法》，知道吗?”管理员道。

“《文物保护法》?”赵磊这才感到事情的严重性，连忙求情说：“我不知道，是不是可以原谅一次?”

“你在古建筑上刻字是破坏古迹的行为。如果大家都说下不为例，古迹岂不被破坏殆尽？”

赵磊听罢，脸色倏地变白了，他原以为刻几个字好玩，留个纪念，没想到这样做竟然是违法的。赵磊受到园林管理人员的严肃批评，并按规定受到了处罚。

我国的根本大法——《宪法》第二十二条规定：“国家保护名胜古迹、珍贵文物和其他重要文化遗产。”治安管理处罚条例规定：“污损名胜古迹或者有政治纪念意义的建筑物的，处十日以下拘留、二十元以下罚款或者警告。”《文物保护法》第三十一条第三项规定：“故意破坏国家保护的珍贵文物、名胜古迹的，处七年以下有期徒刑或者拘役。”我国各地还有一些地方法规，对保护文物、古迹都作了明确具体的规定。

作为华夏的后裔，我们对祖先创造的优秀文化应引以为豪，也有义务保护珍贵文物、名胜古迹；尤其是我们青少年，要做保护优秀历史文化遗产的忠实卫士，还要努力学习，发挥聪明才智，去创造更灿烂辉煌的文化。

为什么称山海关为“天下第一关”

山海关位于河北省秦皇岛市东北15公里处，北倚燕山，南濒渤海，西有石河，东接丘陵，扼东北与中原之咽喉，为燕京（现北京）与盛京（现沈阳）之间的锁钥，故有“两京锁钥无双地，万里长城第一关”之称。

在山海关的东门城楼上悬挂着一块巨幅匾额——“天下第一关”，每个字高1.7米，字写得浑厚雄健，苍劲有力，似乎向人们显示“第一关”的不凡气概。这五个字，有人说是东晋王羲之手笔，有人说是明代严嵩写的，经考证，却是明朝进士萧显所书。萧显是山海卫人，明代32书法家之一。关于他写的这五个字，还有一段有趣的传说。

相传，萧显曾向山海关下一位孤苦的老人告贷赴京应试的盘缠，那老者竟变卖了微薄的家产相助。适逢朝廷张榜悬赏有才之士给“天下第一关”题字，萧显便写了这五个字给老人，并嘱他把“一”字留下，先把“天、下、第、关”四字送去。后来，皇帝因无人配上“一”字，再贴皇榜，告示天下，老人才把“一”字送上，因而又得一笔重赏。

山海关始建于明洪武十四年（1381年）。大将徐达在此构筑长城，建关守卫，因建于山海之间，故名“山海关”。关城为方形，周围四公里，高14米，厚7米，墙内部土筑，外部用大青砖包砌。有四座城门，东曰“镇东”，西曰“迎恩”，南曰“望洋”，北曰“威远”。

各门上都筑有城楼，城中心有钟鼓楼，城外有护城河。关城与附近的长城、城堡、城楼、敌楼、墩台、关隘等，组成完整的防御体系，是一座威武壮观的大关。若登楼远眺，北望燕山千重，长城似龙盘桓；南眺渤海万顷，烟波浩淼连云，其气势与它的重要性确实天下无双，恰与“第一关”名称相称。

为什么乘飞机之前都要经过非常严格的安全检查

小红拿到护照后，很仔细地收拾行李，准备跟妈妈一起去法国看爸爸。她有一把小藏刀，是舅舅从西藏带给她的，特别锋利，而且小巧玲珑，她放到包里，想把它送给爸爸做礼物，让爸爸高兴。

这天该动身了，小红依依不舍地和奶奶说了再见，跟妈妈一起坐汽车来到机场。到了候机厅，小红发现：通往登机口的通道有很多条，有的是红色，有的是绿色，妈妈告诉她："这就是海关的叔叔阿姨检查护照和行李的地方。绿色通道是免检通道，经过它的人不用检查行李，只有像妈妈这样的外交官才能走绿色通道；红色通道是普通通道，经过它的人必须经过严格的检查。"

该小红她们登机了。在红色通道前，小红按照海关叔叔的要求，把行李放到传送带上，传送带载着行李慢慢通过一台大机器检查。海关的叔叔说这是 x 光透视机，有了它用不着打开行李就可以看出里面的东西。小红的行李还没出来，海关的叔叔就对小红说："你怎么把刀放进包里?! 坐飞机是不能带刀的。赶快拿出来。"

小红说："这是给爸爸的礼物。为什么不能带呢?"

叔叔对小红说："不是说不能给爸爸带礼物，是说不能带刀坐飞机。你知道吗：飞机在天上飞得高高的，如果发生了什么意外，坐飞机的人都会遭殃。坐飞机不像坐汽车可以停车，飞机要到有机场的地方才能降落，有时候飞机离机场很远，要是出故障就麻烦了。所以，大家都希望坐飞机时平平安安。可总有坏蛋打飞机的主意。他们就千方百计把刀啊、枪啊、炸弹啊带上飞机，等飞机起飞了，他们就拿出这些东西威胁人们，要人们满足他们的要求。如果他们提出的要求得不到满足，他们会破坏飞机，和所有坐飞机的人同归于尽。”

“我知道，这叫做劫持飞机。”小红说。

“对。你希望自己坐的飞机给劫持吗?”叔叔看到小红摇摇头，继续说，“因为劫持飞机的危害太大了，所有的国家都不希望看到自己国家的飞机被劫持。前些年有的国家飞机被劫持，有的国家满足了坏蛋的要求，但是坏蛋们还是把飞机给破坏了，死了许多无辜的老百姓。所以许多国家就联合起来打击劫机的坏蛋，不向劫机的坏蛋屈服。但是，等到飞机被劫持了再去抓坏蛋，已经晚了。因为毕竟飞机和很多乘客在坏蛋手里，因而投鼠忌器，不能放手抓坏蛋。所以，为了预防坏蛋劫持飞机，每个国家都对乘飞机的人进行严格的检查，防止任何危险的东西被带上飞机。虽然你只是个小孩子，但也不能例外。”

“我懂了。”小红老老实实地把小藏刀从包里拿了出来，交给了海关叔叔。海关叔叔看到她一脸舍不得的表情，就笑着告诉她：“你放心，这把刀我们不会没收的。我们帮你保存着，等你从法国回来时再还给你。好吗?”

小红谢了海关叔叔，背着包跟着妈妈乘飞机去了。

为什么护照有好几种颜色

小红的爸爸妈妈都是外交官，在几年前被派到法国巴黎去工作，留下她跟着奶奶在北京读书。今年春节，小红妈妈回到北京，说要带她去法国和爸爸团聚，可把小红乐坏了。

小红天天盼着动身，可妈妈说还要等几天，要拿到小红的护照才能动身。小红就问："护照是什么东西?"妈妈说："护照就好像是出国通行证。如果我们国家的哪个人要出国，国家就发给他一个小本本，上面写清楚他的名字、年龄和身份，到国外去干啥，还贴上他的照片，再盖上我们国家外交部的大红章。有了护照就表示我们国家同意他出国，而且要是他在国外受了欺侮、遇到困难，我们国家在那儿的外交机构，像大使馆、领事馆都会帮助他。如果你没有护照，我们国家海关里的叔叔阿姨就会说：'外交部没有发给你通行证，你不能出国。'"

又过了一个月，小红终于拿到她的护照了。她把这本棕色外壳的护照看了又看，甭提多美了。她问妈妈："妈妈的护照也是这样的吧?"，妈妈拿出自己的护照，递给小红，让她自己看。小红一眼就看出。妈妈的护照是黑色的。她问妈妈："是不是因为我是小孩子，我的护照就是棕色的?"

妈妈笑着告诉她："傻孩子，妈妈是外交官，所以护照是黑色的。护照的颜色有好几种，每种颜色都有不同的含义。像妈妈爸爸是外交官，护照就是黑色的，这叫外交护照；像你这样出国探亲的，还有出国读书的、旅游的，护照就是棕色的，叫因私出国护照；像隔壁赵叔叔，他经常出国做生意，他的护照就是绿色的，叫商务出国护照。还有国家领导人出国时的护照，也有不同的颜色。”

“那为什么要把护照分成这些颜色呢？是不是每个国家都把护照分成这么多种颜色呢？小红问。

“是啊，其他国家也把护照分成这些颜色。”妈妈说，“因为每个人出国是为了不同的事，有的是私事，有的是公事。像妈妈爸爸是外交官，事情都是很重要的；像你是探亲的，就比较平常。为了不耽误重要的事情，各国之间都同意给外交官特别的照顾；给出国做生意的人照顾就少一些；给你这种出国的人照顾就更少了。

“咱们一到外国，就会有外国海关的叔叔阿姨来检查护照和行李，看看是不是合格。如果每个人的护照颜色都是一样的，要分辨出谁是外交官，谁是商人，谁是普通出国的人，就要花很长的时间。如果妈妈碰巧有非常紧急的事，就可能被耽误。所以，各国都把护照分成好几种颜色，让大家一目了然。任何人一看到你护照的颜色，就大致知道你是出国做什么的。”

“那以后我也要当外交官，拿黑色的护照。那多神气！”小红心里下了个小小的决心。

为什么说旅游是一种享受

旅游是在经济、文化、心理、体质的发展中形成的欲望，实现这一欲望就是一种享受。突出的表现是：

（1）异地休闲：暂时离开工作、劳动或学习岗位，也放下了生活琐事，走进异地的新环境享受休闲。

（2）观赏风光：名山大川、山清水秀是大自然的赐予，又各有独特风光，旅游观赏就满足了人们的观赏享受。

（3）文化品位：在旅游圣地有许多文化遗迹，独特风格的建筑、民族风情。通过旅游，丰富了人们的文化享受。

（4）饮食风味：各地都有不同的风味食品和饮食习俗，在旅游中随俗品尝，是别有一番生活情趣的享受。

（5）情义纪念：与亲与友一同旅游，是很有意义的相聚，满足了精神心理的和谐与关的享受。

晕车晕船是病吗

在旅行过程当中，经常会有旅客出现眩晕、呕吐，甚至昏厥的状况，有的还会脸色苍白、浑身出冷汗，看起来如同生病一样。其实，晕车晕船并非是“疾病”，只是由于人身受到比平时剧烈的摇晃而产生的不适。在旅行结束身体恢复平静时，这些症状也会随之消失。

有些人之所以会出现晕车晕船的状况，主要和身体里的平衡感受器有关。它处在耳朵内侧，当身体位置变动时，平衡感受器受到了刺激，就会产生神经冲动沿前庭、神经传到大脑，再从大脑迅速传到头颈以及相应的四肢肌肉，来调节平衡，以使人们能十分灵活地从事各种活动。有些人的平衡感受器比较敏感，神经系统的反应也非常剧烈，在受到强的刺激以后，便出现了上述症状。

由于各人平衡感受器的敏感程度不一样，因而症状表现的强烈程度和时间长短也有很大区别，有些人在长途旅行或路途颠簸时会出现晕眩，而有些人在乘公共汽车时也会出现晕车现象。

对于在旅途中经常晕车晕船的朋友来说，提前做好预防准备是非常重要的，比如在旅行前事先服用晕车药或有镇静作用的溴化剂，乘车时使用安全带固定身躯，避免内脏受到剧烈的震动。另外，食用生姜片或醋刺激肠胃对减轻呕吐症状也有一定效果。

第七章

您了解法律知识吗？想提高自己的法律意识吗？那就请您与我一起来了解我们生活中应当必备的知识——法律常识。

法制篇

什么是共同犯罪

共同犯罪是指二人以上共同故意犯罪。

组织、领导犯罪集团进行犯罪活动的或者在共同犯罪中起主要作用的，是主犯。三人以上为共同实施犯罪而组成的较为固定的犯罪组织，是犯罪集团。对组织、领导犯罪集团的首要分子，按照集团所犯的全部罪行处罚。

在共同犯罪中起次要或者辅助作用的，是从犯。对于从犯，应当从轻、减轻处罚或者免除处罚。

对于被胁迫参加犯罪的，应当按照他的犯罪情节减轻处罚或者免除处罚。

教唆他人犯罪的，应当按照他在共同犯罪中所起的作用处罚。教唆不满 18 周岁的未成年人犯罪的，应当从重处罚。

什么是死刑

死刑是剥夺犯罪分子生命的刑罚，也叫“生命刑”、“极刑”。是世界各国最古老的刑罚之一。

中国刑法规定，死刑只适用于罪大恶极的犯罪分子。同时保留了中国独创的“死缓”制度，用于反革命罪中对国家和人民危害特别严重、情节特别恶劣的反革命分子；故意杀人的犯罪分子；强奸妇女、奸淫幼女情节特别恶劣的或者致人重伤、死亡的犯罪分子等等。对于应当判处死刑的犯罪分子，如果不是必须立即执行的，可以判处死刑同时宣告缓期二年执行，实行劳动改造，以观后效。缓期执行期满以后是否执行死刑，要看犯罪分子在缓期执行期间的表现决定。如确有悔改，可以减为无期徒刑或有期徒刑 15 年以上 20 年以下；如果抗拒改造情节恶劣，查证属实的，由最高人民法院裁定或者核准，执行死刑。

对于犯罪的时候不满 18 岁的人和审判时怀孕的妇女，不适用死刑。已满 16 周岁不满 18 岁的，如果所犯罪行特别严重，可以判处死刑缓期二年执行。

死刑案件除依法由最高人民法院判决的以外，应当报请最高人民法院核准。

什么是正当防卫

为了使国家、公共利益、本人或者他人的人身、财产和其他权利免受正在进行的不法侵害，而采取的制止不法侵害的行为，对不法侵害人造成损害的，属于正当防卫，不负刑事责任。

正当防卫明显超过必要限度造成重大损害的，应当负刑事责任．但是应当减轻或者免除处罚。对正在进行行凶、杀人、抢劫、强奸、绑架以及其他严重危及人身安全的暴力犯罪，采取防卫行为，造成不法侵害人伤亡的，不属于防卫过当，不负刑事责任。